CDR

设计+制作+印刷+商业案例

CorelDRAW实战教程

刘第秋◎编著

人 民 邮 电 出 版 社
北 京

图书在版编目（CIP）数据

设计+制作+印刷+商业案例CorelDRAW实战教程 / 刘第秋编著. -- 北京 : 人民邮电出版社, 2023.7
ISBN 978-7-115-51589-6

Ⅰ. ①设… Ⅱ. ①刘… Ⅲ. ①图形软件－教材 Ⅳ. ①TP391.41

中国版本图书馆CIP数据核字(2019)第125120号

内 容 提 要

本书是详细讲解利用 CorelDRAW 进行平面设计与制作的案例教程书。书中以设计者的眼光介绍了 CorelDRAW 在平面设计中的具体使用方法与技巧。

全书共分为 9 章，包括图案设计、字体设计、标志设计、吉祥物设计、插画设计、海报设计、包装设计和 VI 设计等八大类共 16 个商业案例，全面介绍了平面设计中常见的设计知识和具体案例的制作方法。书中还穿插讲解了设计延展应用的各种方式，帮助读者快速提升平面设计和制作的能力。

本书适合平面设计专业的学生、想从事平面设计工作的初学者和设计爱好者阅读，也适合平面设计相关的培训班和大专院校作为教材。

◆ 编　　著　刘第秋
　责任编辑　杨　璐
　责任印制　马振武
◆ 人民邮电出版社出版发行　　北京市丰台区成寿寺路 11 号
　邮编　100164　　电子邮件　315@ptpress.com.cn
　网址　https://www.ptpress.com.cn
　北京盛通印刷股份有限公司印刷
◆ 开本：787×1092　1/16
　印张：9.5　　　　2023 年 7 月第 1 版
　字数：295 千字　　　2023 年 7 月北京第 1 次印刷

定价：69.90 元

读者服务热线：(010)81055410　印装质量热线：(010)81055316
反盗版热线：(010)81055315
广告经营许可证：京东市监广登字 20170147 号

前言

当我们进行设计时，在创作初期也许会为无法理清思路而苦恼，也有可能会因为软件的应用不熟练而感到束手无策，在完成设计后，又会因为印刷的问题对作品进行反复的修改。本书就针对这些问题做出解答。

本书以图形图像处理软件 CorelDRAW 为操作平台，从一个设计者的角度出发，首先去理解设计理念，讲解在平面设计中设计某一类型产品时所需要具备的理论知识。然后配合设计师精选的商业案例，使用 CorelDRAW 完成制作并实现效果。文中还通过易于读者理解的方式讲解了有关平面设计印刷知识。作为一名设计师，只有将设计、制作和印刷三者结合，才能设计出更好的作品。

本书特色

覆盖常见应用领域：本书讲解的平面设计类型包括图案设计、字体设计、标志设计、吉祥物设计、插画设计、海报设计、包装设计和 VI 设计等，让读者了解常见的平面设计项目，为学习和实际工作的顺利过渡做好准备，全面提高读者的商业设计实践水平。

精选真实商业案例：书中精选的每一个案例均为真实商业案例，案例的讲解从项目背景开始，逐步讲解设计思路和制作方法，帮助读者提高设计的思维灵活度和软件操作技能。

精练的设计知识讲解：在讲解每一类设计时，都针对性讲解了这类设计的平面设计知识，以及设计中需要掌握的方法与技巧，为以后深入学习奠定基础。在每个案例讲解中，都将设计知识融汇其中，让读者即学即练。

重要的设计要点解析：在每个案例的讲解中，还将最终设计效果与失败的设计提案进行对比分析，帮助读者提高设计审美。在案例后的“案例分析与心得”中总结案例的关键要点、要素和成功的关键，帮助读者提高设计感。

本书章节安排

本书从实际出发，通过 8 大类 16 个真实商业案例循序渐进地讲解平面设计的相关知识，并且以设计者的眼光详细介绍 CorelDRAW 在平面设计中的具体使用方法与技巧。章节安排如下。

第 01 章　认识 CorelDRAW。主要讲解了 CorelDRAW 软件的基本功能和平面设计的基础知识。介绍平面设计中的图像与色彩基础，以及印前检查与输出等内容，让读者对使用 CorelDRAW 进行平面设计有初步的了解。

第 02 章　CorelDRAW 之图案设计。主要介绍了图案设计的相关知识。通过对不同图案设计的制作案例进行讲解，让读者熟练操作 CorelDRAW 软件中的基本绘图功能。

第 03 章　CorelDRAW 之字体设计。主要讲解了字体设计的形式和要求。通过对中文字体和英文字体的设计制作案例，让读者掌握这两大类字体的设计方法和运用 CorelDRAW 进行平面设计中的字体设计。

第 04 章　CorelDRAW 之标志设计。本章主要讲解了标志设计的类型、要求，以及标志设计的流程和方法。通过对品牌标志和企业标志两个项目案例的设计和制作进行讲解，让读者掌握在 CorelDRAW 中设计制作标志的方法。

第 05 章　CorelDRAW 之吉祥物设计。主要介绍了吉祥物的设计知识，以及延展设计的可能方向。通过对品牌吉祥物和城市吉祥物两个案例的设计和制作进行讲解，让读者掌握吉祥物的设计方法和技巧。

第 06 章　CorelDRAW 之插画设计。主要讲解了插画设计的知识。通过对品牌推广插画和装饰插画两个案例的设计和制作进行讲解，让读者提高对插画设计应用的认识，掌握插花设计的技巧。

第 07 章　CorelDRAW 之海报设计。主要介绍了海报设计的类型和要求。通过对活动海报设计和品牌推广海报设计两个案例的设计和制作进行讲解，让读者掌握海报设计的要点、方法和技巧。

第 08 章　CorelDRAW 之包装设计。主要介绍了包装设计的内在形式和外在形式，以及不同形态的产品的包装设计的要求。通过对首饰包装和旅游纪念品包装两个设计案例的制作，让读者掌握包装设计的方法和技巧，在 CorelDRAW 软件中制作出精美的包装。

第 09 章　CorelDRAW 之 VI 设计。介绍了 VI 设计的基础与应用。通过对商业品牌形象设计和城市视觉形象设计两个案例的讲解，让读者掌握 VI 设计的核心知识和设计技巧，并通过品牌全案设计赏析拓展读者的视野。

本书用户对象

本书适合平面设计专业的学生、想从事平面设计工作的初学者和设计爱好者阅读，也适合平面设计相关的培训班和大专院校作为教材。

编者

资源与支持

本书由数艺社出品，“数艺社”社区平台（www.shuyishe.com）为您提供后续服务。

■ 配套资源

书中所有案例源文件

■ 资源获取请扫码

（提示：微信扫描二维码关注公众号后，输入51页左下角的5位数字，获取资源和帮助。）

“数艺社”社区平台，为艺术设计从业者提供专业的教育产品。

■ 与我们联系

本书提供书中所有案例源文件，由“数艺社”社区平台（www.shuyishe.com）为您提供后续服务。我们的联系邮箱是szys@ptpress.com.cn。如果您对本书有任何疑问或建议，请您发邮件给我们，并请在邮件标题中注明本书书名及ISBN，以便我们更高效地做出反馈。

■ 关于数艺社

人民邮电出版社有限公司旗下品牌“数艺社”，专注于专业艺术设计类图书出版，为艺术设计从业者提供专业的图书、U书、课程等教育产品。领域涉及平面、三维、影视、摄影与后期等数字艺术门类；字体设计、品牌设计、色彩设计等设计理论与应用门类；UI设计、电商设计、新媒体设计、游戏设计、交互设计、原型设计等互联网设计门类；环艺设计手绘、插画设计手绘、工业设计手绘等设计手绘门类。更多服务请访问“数艺社”社区平台www.shuyishe.com。我们将提供及时、准确、专业的学习服务。

CONTENTS

目 录

第 01 章　认识 CorelDRAW/007
1.1　工作界面与基本操作 /008
1.1.1　标准工具栏 /009
1.1.2　工具箱 /009
1.1.3　基本操作 /010
1.2　图像与色彩基础 /016
1.2.1　位图与矢量图的区别 /016
1.2.2　位图转换为矢量图 /017
1.2.3　矢量图与位图结合 /017
1.2.4　图像的色彩模式 /018
1.2.5　图像的导入与导出 /019
1.3　印前检查与输出 /020
1.3.1　文件检查 /020
1.3.2　储存格式与输出 /021

第 02 章　CorelDRAW 之图案设计 /023
2.1　图案设计知识 /024
2.1.1　图案设计形式 /024
2.1.2　图案设计要求 /025
2.2　制作独立图案 /026
2.2.1　对比分析 /029
2.2.2　案例分析与心得 /029
2.3　制作连续图案 /030
2.3.1　对比分析 /034
2.3.2　案例分析与心得 /034
2.4　课后练习 /035
2.4.1　独立图案设计 /035
2.4.2　连续图案设计 /035

第 03 章　CorelDRAW 之字体设计 /037
3.1　字体设计知识 /038
3.1.1　字体设计形式 /038
3.1.2　字体设计要求 /039
3.2　中文字体设计 /040
3.2.1　对比分析 /044
3.2.2　案例分析与心得 /045
3.3　英文字体设计 /045
3.3.1　对比分析 /048
3.3.2　案例分析与心得 /049
3.4　课后练习 /049
3.4.1　中文字体设计 /049
3.4.2　英文字体设计 /049

第 04 章　CorelDRAW 之标志设计 /051
4.1　标志设计知识 /052
4.1.1　标志设计形式 /052
4.1.2　标志设计要求 /054
4.1.3　标志设计流程及方法 /055
4.2　制作品牌标志 /055
4.2.1　对比分析 /059
4.2.2　案例分析与心得 /060
4.3　制作企业标志 /061
4.3.1　对比分析 /064
4.3.2　案例分析与心得 /064
4.4　课后练习 /065
4.4.1　设计企业标志 /065
4.4.2　设计活动标志 /065

第 05 章　CorelDRAW 之吉祥物设计 /067
5.1　吉祥物设计知识 /068
5.1.1　吉祥物设计的形式 /068
5.1.2　吉祥物设计的要求 /070
5.1.3　吉祥物的设计流程 /070
5.2　制作品牌吉祥物 /072
5.2.1　对比分析 /076
5.2.2　案例分析与心得 /077

CONTENTS
目　录

5.3 制作城市吉祥物 /078
5.3.1 对比分析 /082
5.3.2 案例分析与心得 /083
5.4 课后练习 /083
5.4.1 设计品牌吉祥物 /083
5.4.2 设计城市吉祥物 /083

第 06 章 CorelDRAW 之插画设计 /085
6.1 关于插画设计 /086
6.1.1 插画的形式 /086
6.1.2 插画设计的要求 /090
6.2 品牌推广插画设计 /091
6.2.1 对比分析 /095
6.2.2 案例分析与心得 /095
6.3 装饰插画设计 /096
6.3.1 对比分析 /099
6.3.2 案例分析与心得 /099
6.4 课后练习 /101
6.4.1 品牌推广插画设计 /101
6.4.2 装饰插画设计 /101

第 07 章 CorelDRAW 之海报设计 /103
7.1 关于海报设计 /104
7.1.1 海报设计的形式 /104
7.1.2 海报设计的要求 /105
7.2 活动海报设计 /107
7.2.1 对比分析 /113
7.2.2 案例分析与心得 /114
7.3 品牌推广海报设计 /114
7.3.1 对比分析 /119
7.3.2 案例分析与心得 /119
7.4 课后练习 /119
7.4.1 品牌推广海报设计 /119
7.4.2 活动海报设计 /119

第 08 章 CorelDRAW 之包装设计 /121
8.1 包装设计知识 /122
8.1.1 包装设计的形式 /122
8.1.2 包装设计的分类 /123
8.1.3 包装设计的要求 /125
8.2 纸巾包装盒设计 /128
8.2.1 对比分析 /130
8.2.2 案例分析与心得 /130
8.3 茶叶包装盒设计 /131
8.3.1 对比分析 /134
8.3.2 案例分析与心得 /134
8.4 课后练习 /135
8.4.1 快消品包装设计 /135
8.4.2 手提袋设计 /135

第 09 章 CorelDRAW 之 VI 设计 /137
9.1 关于 VI 设计 /138
9.1.1 VI 设计的内容 /138
9.1.2 VI 设计的要求 /142
9.2 商业品牌形象设计 /143
9.2.1 对比分析 /145
9.2.2 案例分析与心得 /146
9.3 城市视觉形象设计 /146
9.3.1 对比分析 /149
9.3.2 案例分析与心得 /150
9.4 品牌全案设计赏析 /150
9.5 课后练习 /152
9.5.1 基础要素设计 /152
9.5.2 应用要素设计 /152

第 01 章

认识CorelDRAW

CorelDRAW® Graphics Suite 是一款领先的图形设计软件，受到数百万专业人士、小型企业主以及全球设计爱好者的青睐。它可以帮助设计师进行图形、版面、插图、照片编辑、摹图、网络图像、印刷项目、美术作品和排版等设计，随心设计，获得惊艳的设计效果。

本章将向读者介绍CorelDRAW的工作界面、图像与色彩基础、印前检查与输出等相关知识，相信你一定会被CorelDRAW便捷的操作、强大的表现力所吸引。

1.1 工作界面与基本操作

CorelDRAW软件的工作界面包括标题栏、菜单栏、标准工具栏、属性栏、绘图窗口、绘图页面、工具箱和状态栏等。打开CorelDRAW软件之后，新建一个空白文档，即可进入到CorelDRAW 工作界面。

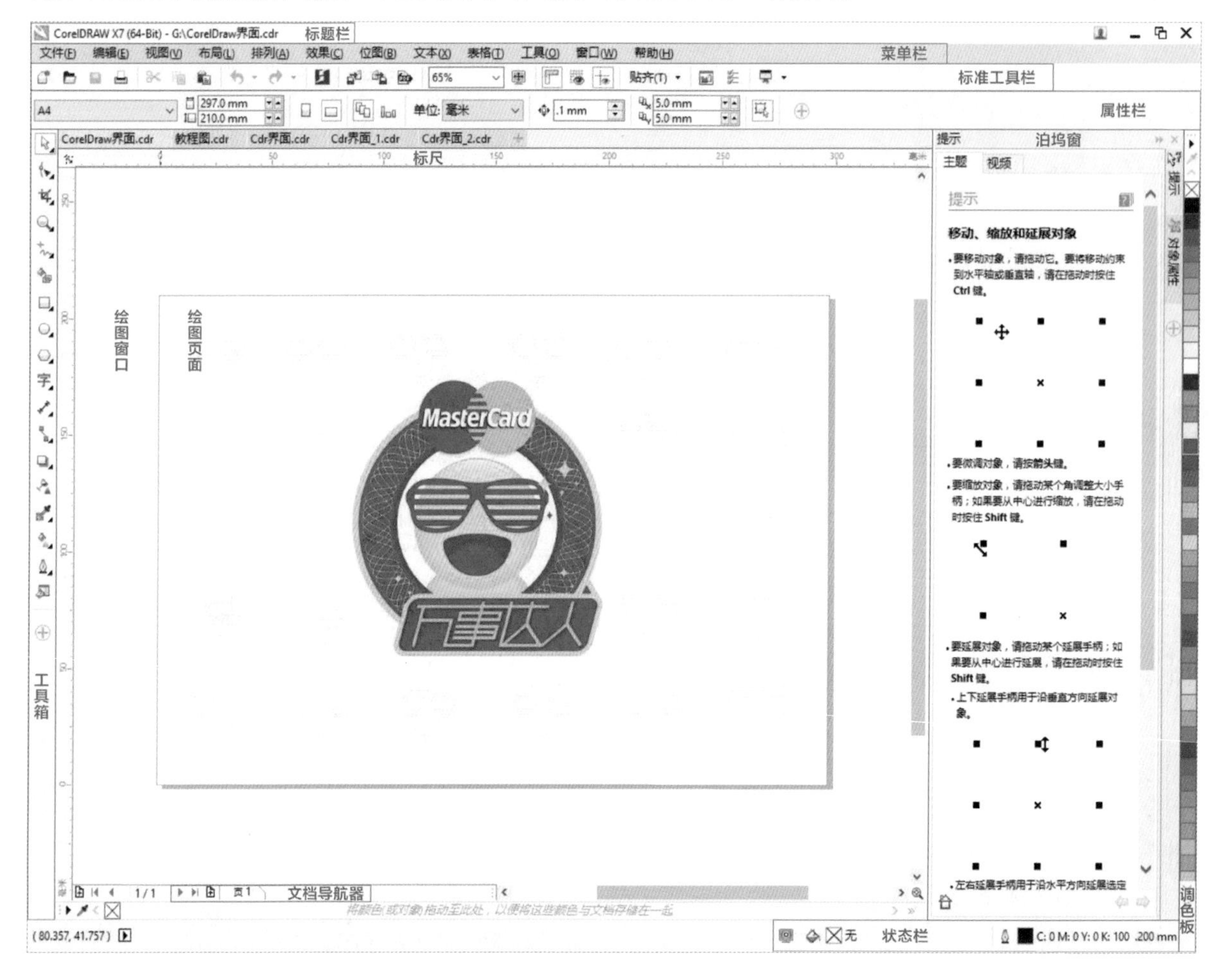

标题栏：位于窗口的最顶端，显示打开文档的标题。标题栏也包含程序图标，如最大化、最小化、还原和关闭按钮。

菜单栏：位于标题栏的下方，用于存放CorelDRAW软件的常用命令，包含文件、编辑、视图、布局、排列、效果、位图、文本、表格、工具、窗口和帮助共12组菜单命令，各个菜单中包含软件的各项功能命令。

标准工具栏：位于菜单栏的下方，集合了一些常用的命令按钮（如打开、保存、打印等），使得操作方便简捷，为用户节约从菜单中选择命令的时间。

属性栏：位于标准工具栏的下方，会显示正在使用工具的属性设置，选取的工具不同，属性栏的选项也不同。

工具箱：位于CorelDRAW界面的左侧，包含可用于在绘制中创建和修改对象的工具，部分工具默认可见，其他工具需要点击右下角的黑色小三角标记来展开工具栏查看并使用。

调色板：位于CorelDRAW软件的最右侧，放置各种颜色的色标，默认的色彩模式为CMYK模式。

泊坞窗：位于CorelDRAW软件界面的右侧，是各种管理器和编辑命令的工作面板，含有多种泊坞窗，点击“窗口>泊坞窗”命令，即可打开选择的泊坞窗。

标尺：位于工具箱的右侧以及属性栏的下方，用于帮助用户准确地定位、缩放和对齐对象。CorelDRAW默认启动显示标尺，用户可通过“视图 > 标尺”菜单命令隐藏。

绘图页面：位于CorelDRAW软件的核心位置，是绘图窗口中带阴影的矩形。它是工作区域中可打印的区域。页面的大小可根据用户的实际需求来调整，可在属性栏或者输出处理时对纸张大小进行设置，注意对象必须在绘图页面范围之内，否则无法完成输出。

绘图窗口：位于CorelDRAW绘图页面的周围区域，以滚动条和应用程序控件为边界的区域，包括绘图页面和周围区域。

状态栏：位于CorelDRAW界面的最下方，包含有关对象属性的信息，例如类型、大小、颜色、填充和分辨率。

1.1.1　标准工具栏

CorelDRAW标准工具栏集合了一些常用命令图标，操作方便快捷，可为用户节省从菜单中选择命令的时间。标准工具栏主要包括新建、打开、保存、打印、剪切、复制、粘贴、撤销、重做、搜索内容、导入、导出、应用程序启动器、欢迎屏幕、缩放比例、贴齐和选项等图标。

新建：新建一个空白文档。

打开：打开现有文档。

保存：保存当前文档。

打印：打印当前文档。

剪切：将一个或多个对象移动到剪切板。

复制：将一个或多个对象的副本复制到剪切板。

粘贴：将剪切板内容放入文档中。

撤销：取消前一个操作。

重做：重新执行上一个撤销的操作。

搜索内容：使用Corel Connect泊坞窗搜索剪切画、照片和字体。

导入：将文件导入当前文档。

导出：将文档副本另存为其他文件格式。

缩放比例 63%：文档缩放比例。

全屏预览：显示文档的全屏预览。

显示标尺：显示或隐藏标尺。

显示网格：显示或隐藏文档网格。

显示辅助线：显示或隐藏辅助线。

贴齐 贴齐(T)：选择绘图页面中对象的对齐方式。

欢迎屏幕：了解应用程序的新增功能，访问产品更新、学习资源和图库。

选项：设置绘图窗口首选项。

应用程序启动器：启动Corel套件中的其他程序。

1.1.2　工具箱

CorelDRAW工具箱位于软件界面的左侧，为用户提供多种功能，包含绘制、编辑图形工具和各种填充对话框等。工具箱中的许多工具都组织在展开工具中，要访问这些工具，可单击按钮右下角的黑色三角标记。

“默认”工作区中的工具箱和展开工具栏可以帮助用户方便地找到工具。如果用户仍找不到所需工具，请单击工具箱底部的“快速自定义”图标⊕，借助该图标还可以隐藏不常用的工具。

选择工具：选择、移动和变换对象。

形状工具：通过控制节点编辑曲线对象或文本字符。

裁剪工具：移除选定内容外的区域。

缩放工具：更改文档窗口的缩放级别。

手绘工具：绘制曲线和直线线段。

艺术笔工具：使用手绘笔触添加艺术笔刷，如喷射和书法效果。

矩形工具：在绘图窗口拖曳该工具绘制正方形和矩形。

椭圆形工具：在绘图窗口拖曳工具绘制圆形和椭圆形。

多边形工具：在绘图窗口拖曳工具绘制多边形。

文本工具：添加和编辑段落和美术字。

平行度量工具：绘制倾斜度量线。

直线连接器工具：画一条直线连接两个对象。

阴影工具：在对象后面或下面应用阴影。

透明度工具：部分显示对象下层的图像区域。

颜色滴管工具：对颜色抽样并应用到对象。

交互式填充工具：在绘图窗口中，向对象动态应用当前填充。

智能填充工具：在边缘重叠区域创建对象，并将填充应用到那些对象上。

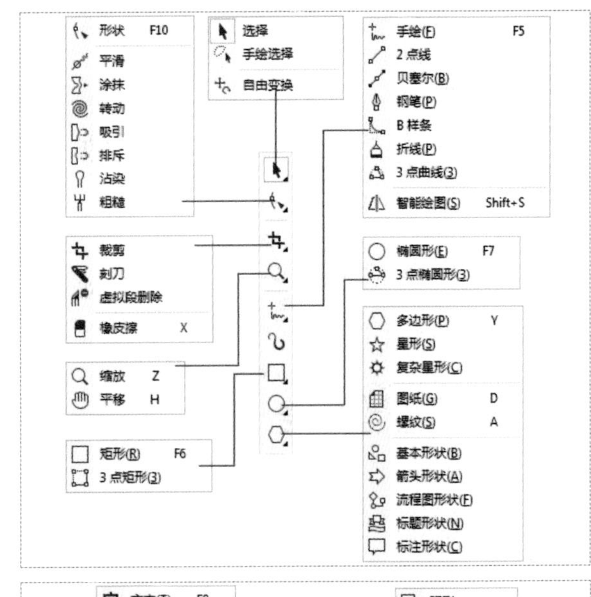

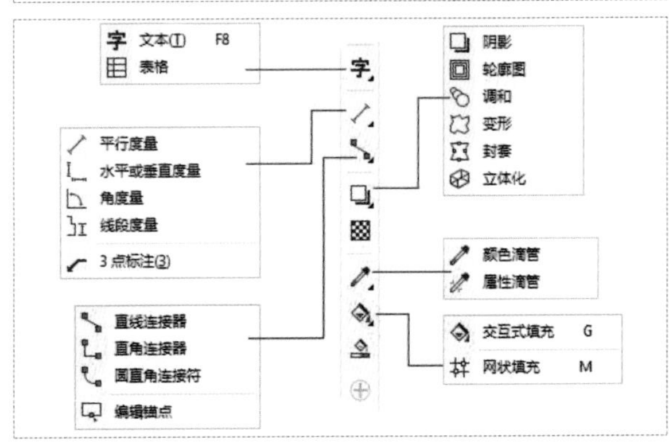

1.1.3 基本操作

创建新文档

01 在“欢迎屏幕”对话框中单击“新建文档”选项创建新文档。

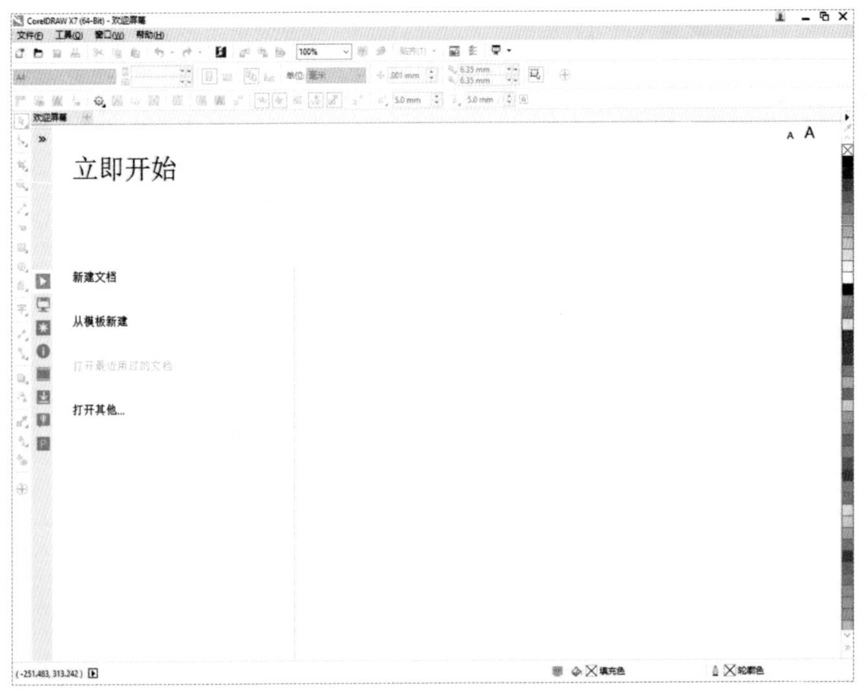

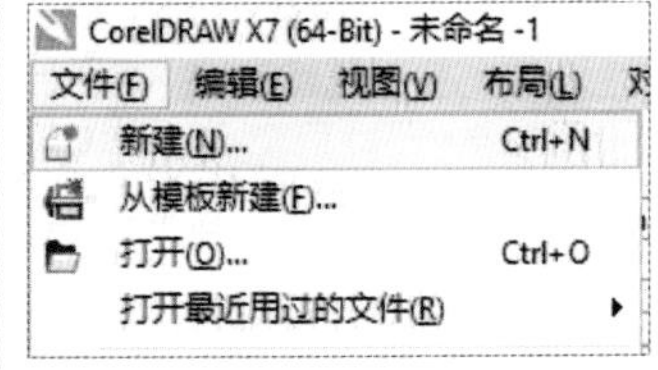

其他操作方法：执行“文件＞新建”菜单命令创建新文档；在常用工具栏上单击“新建”按钮；按快捷键 Ctrl+N 创建新文档。

02 在弹出的“创建新文档”对话框中可以设置页面的名称、大小、宽度、高度和渲染分辨率等参数，设置完成后单击“确定”按钮完成新文档的创建。

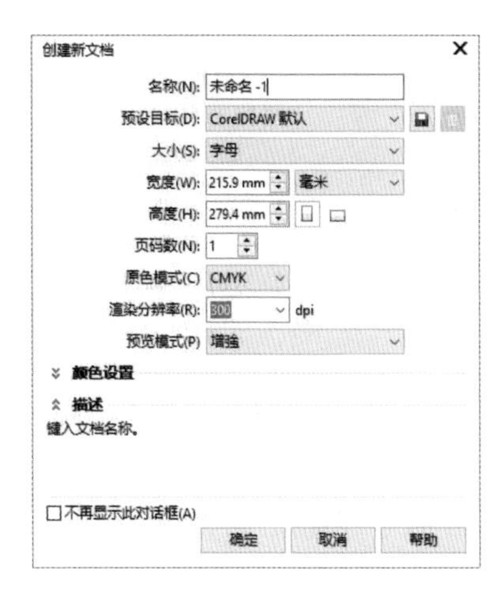

保存与另存文档

01 在编辑文件以后，可以对文件进行保存。执行“文件>保存”菜单命令，在弹出的“保存绘图”对话框中设置保存路径，然后在“文件名”文本框中输入名称，再选择“保存类型”，最后单击“保存”按钮进行保存。首次进行保存时才会打开“保存绘图”对话框，以后都会直接覆盖保存。

02 如果想保留未编辑的文件和编辑后的文件，可执行“文件>另存为”菜单命令，弹出“保存绘图”对话框，然后在“文件名”文本框中修改当前名称，最后单击“保存”按钮，另存的文件将不会覆盖原文件。

切换视图模式

01 “视图”菜单用于文档的视图模式切换，选择相应的菜单命令可进行切换文档视图模式、调整视图预览和界面显示等操作。

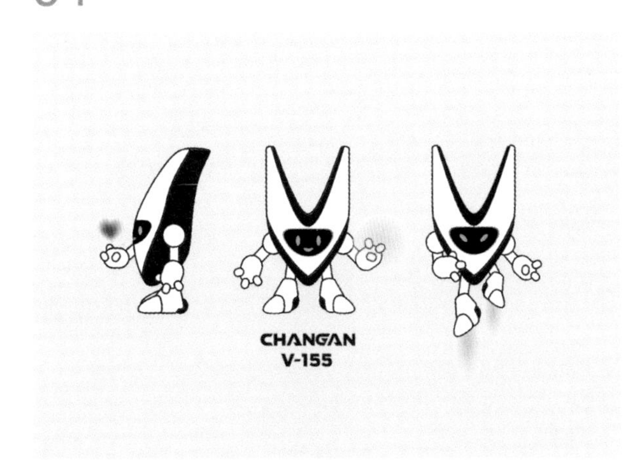

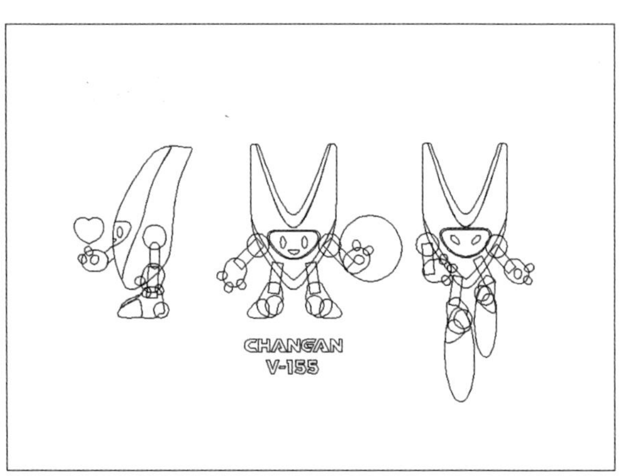

02 执行“视图>简单线框”菜单命令，可以将编辑界面中的对象切换为轮廓线框。这种模式下，矢量图将隐藏所有效果（渐变、立体和网状填充等），只显示轮廓线，如下图左图所示。位图则将颜色统一显示为灰度，如下图右图所示。

03 执行“视图>草稿”菜单命令，可以将编辑界面中的对象显示为低分辨率图像，使打开文件的速度和编辑文件的速度变快。这种模式下，矢量图的边缘粗糙，填色与效果以基础图案显示，位图会出现马赛克。

04 执行“视图>普通”菜单命令，可以将编辑界面中的对象正常显示（以原分辨率显示）。

05 执行“视图>增强”菜单命令，可以将编辑界面中的对象显示为最佳效果。这种模式下，矢量图的边缘平滑，图像显示完整，位图以高分辨率显示。

06 执行“视图>像素”菜单命令，可以将编辑界面中的对象显示为像素格效果。

复制与粘贴

01 选中对象，然后执行“编辑>复制”菜单命令，或者按快捷键Ctrl+C将对象复制在剪切板上，然后执行“编辑>粘贴”菜单命令，或按快捷键Ctrl+V进行原位置粘贴。

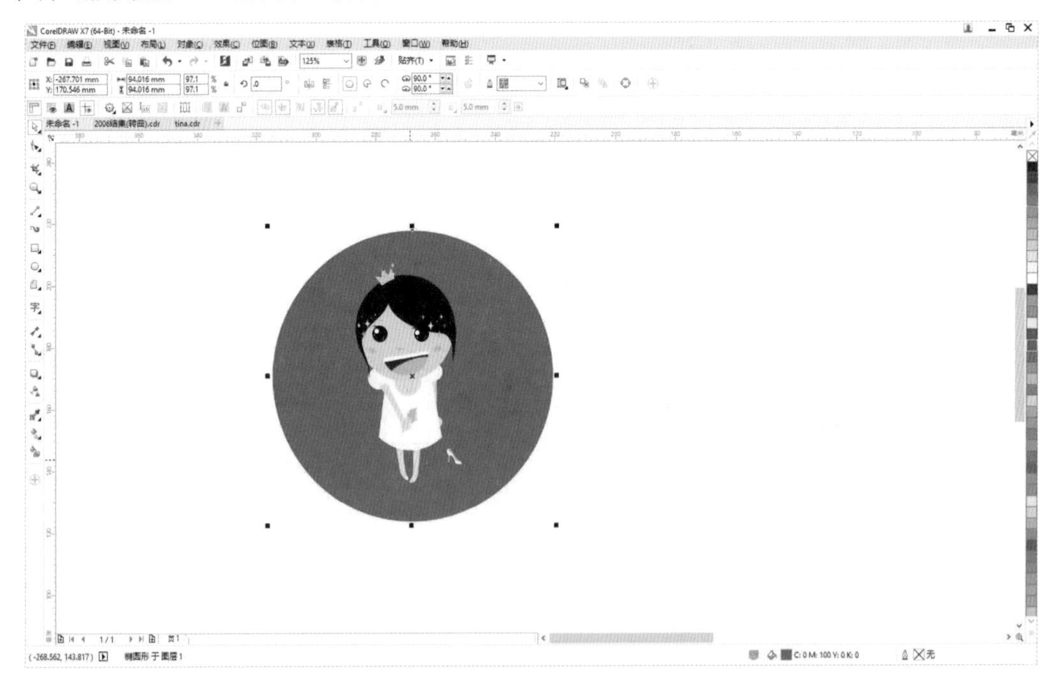

02 选中复制的对象向右移动，原对象还在原来的位置，如右图所示。

其他操作方法：选中对象，单击鼠标右键，在弹出菜单中执行“复制”命令，再单击鼠标右键，在弹出菜单中执行“粘贴”命令；鼠标左键选中对象，按Ctrl键，向上下左右位置拖动对象的同时，按鼠标右键即可复制对象。

辅助线添加

01 辅助线是帮助用户进行准确定位的虚线，它可以位于绘图窗口的任意区域，不会在文件输出时显示。将光标移动到水平或垂直标尺上，然后按住鼠标左键上下左右拖曳来设置辅助线。若要设置倾斜辅助线，可以选中垂直或水平辅助线，然后单击旋转任意角度，这种方法适用于大概定位。

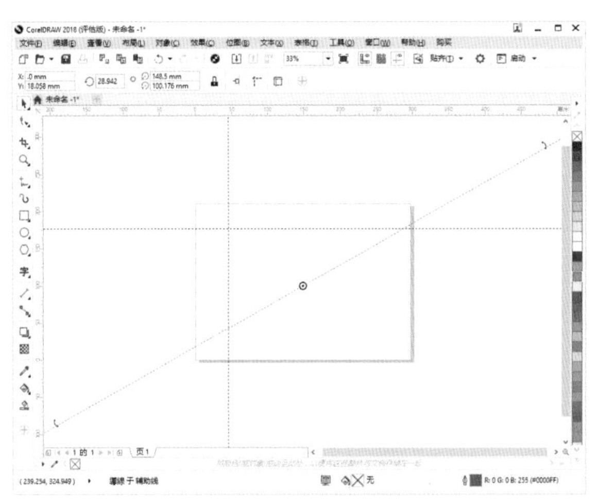

02 若要进行精确的定位，执行“工具>选项”菜单命令，在“选项”对话框中选择“文档>辅助线>水平”选项，接着设置“数值”为60，再单击“添加”按钮，最后单击“确定”按钮，即可在页面中水平位置为60毫米处添加一条辅助线。

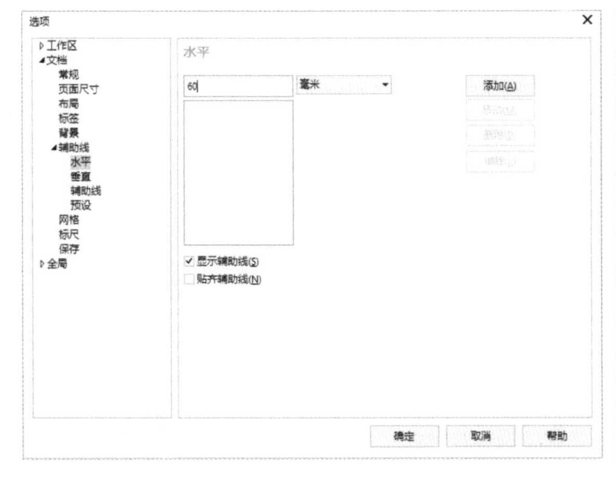

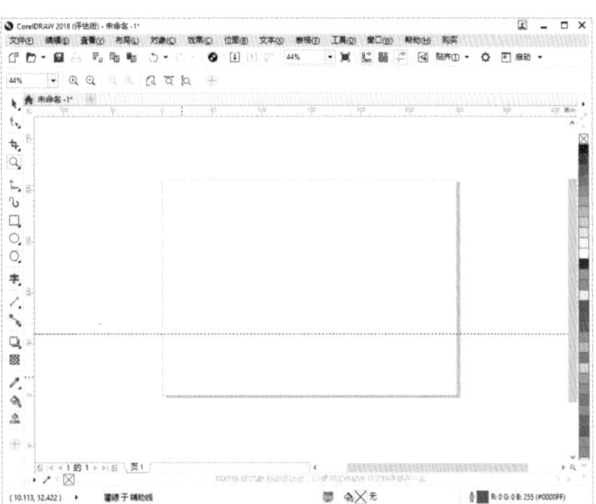

03 同样，执行“工具>选项”菜单命令，在“选项”对话框中选择“文档>辅助线>垂直”选项，接着设置“数值”为60，再单击“添加”按钮，最后单击“确定”按钮，即可在页面中垂直位置为60毫米处添加一条辅助线。

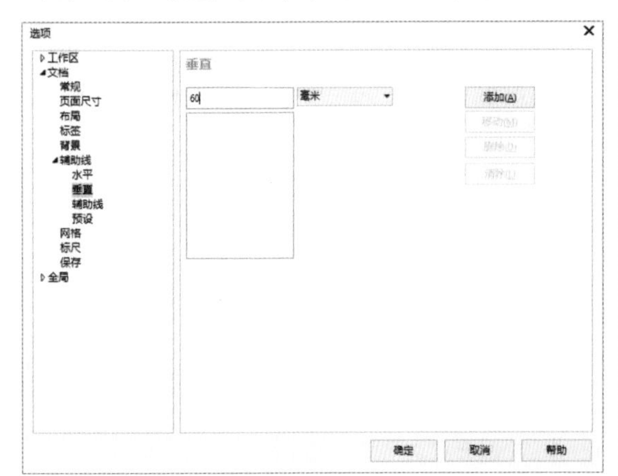

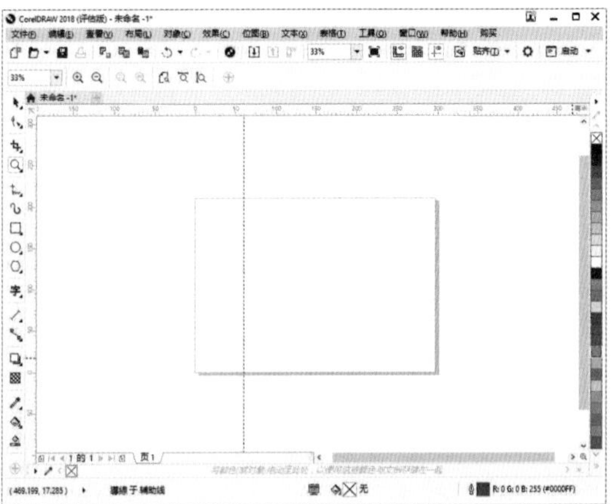

04 执行“工具>选项”菜单命令，然后在“选项”对话框中选择“文档>辅助线>辅助线”选项，然后设置“X轴”为100、“Y轴”为100、“角度”为60°，单击“添加”按钮，最后单击“确定”按钮，即可在页面中水平位置为100、垂直位置为100处添加一条角度为60°的辅助线。

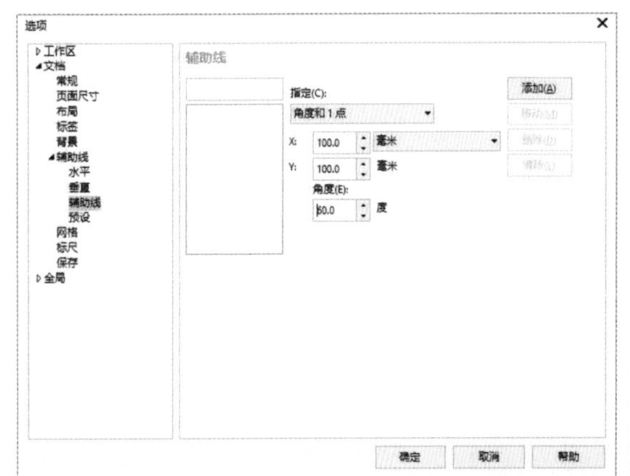

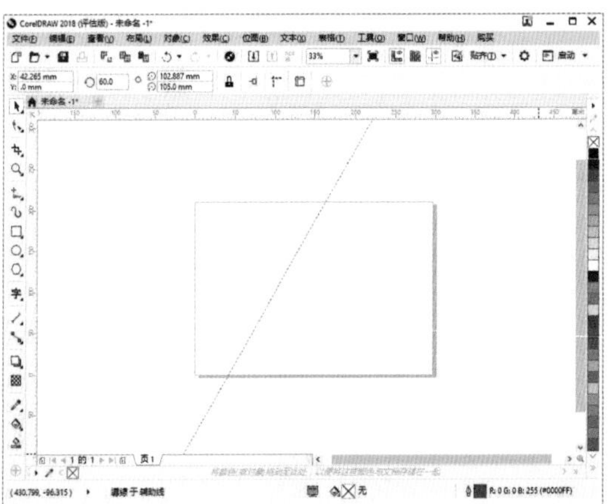

辅助线贴齐对象

01 创建文档后，将光标移动到上方标尺位置，按住鼠标左键向下移动，如右图所示。

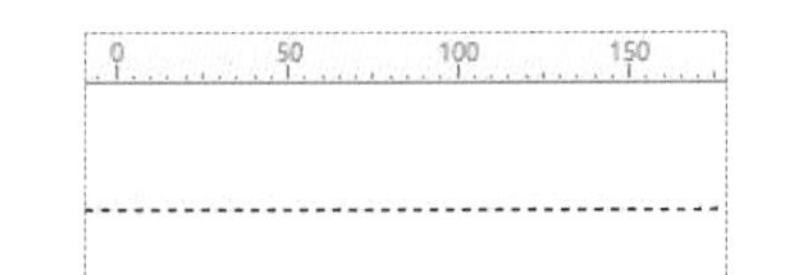

02 松开鼠标，辅助线变成红色虚线。添加完辅助线后单击页面空白处，辅助线呈蓝色虚线。

03 选取图片对象移动到辅助线附近，执行“查看>贴齐>辅助线”菜单命令，然后选中图片，将图片的顶端移动到辅助线附近，对象将会自动贴齐辅助线。

添加出血区域

01 制作印刷品时，需要添加出血区域（出血指印刷时为了保留画面有效内容而预留出方便裁切的部分）。执行“工具>选项”菜单命令，然后在“选项”对话框中选择“文档>辅助线>预设”选项，再勾选“出血区域”复选框，接着单击“应用预设”按钮，最后单击“确定”按钮。

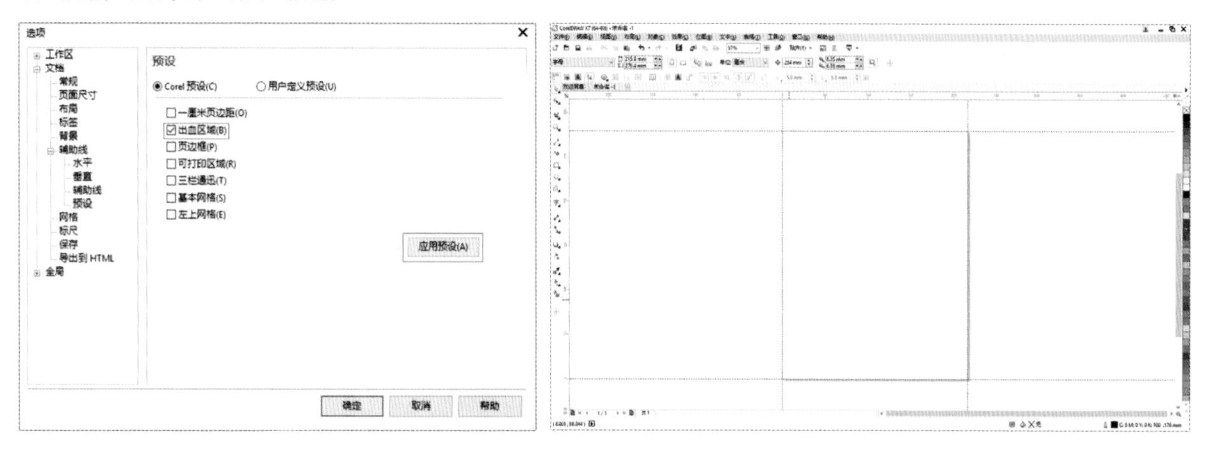

02 也可依据作品需要自定义出血区域。勾选“出血区域”复选框，然后选择“用户定义预设”，勾选“页边距”复选框，再设置“上”为3.0、“左”为3.0，勾选“镜像页边距”复选框，最后单击“确定”按钮。

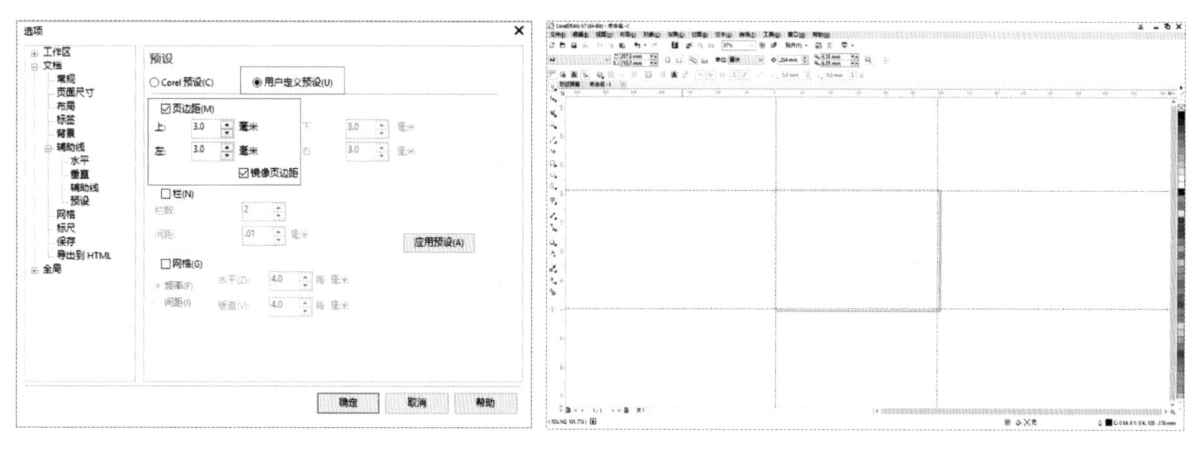

03 也可通过“栏”来做折页的印刷作品。勾选“出血区域”复选框，然后选择“用户定义预设”，接着勾选“栏”，设置“栏数”为4，“间距”为3.0，再单击“应用预设”按钮，最后单击“确定”按钮，即可完成折页页面布局。

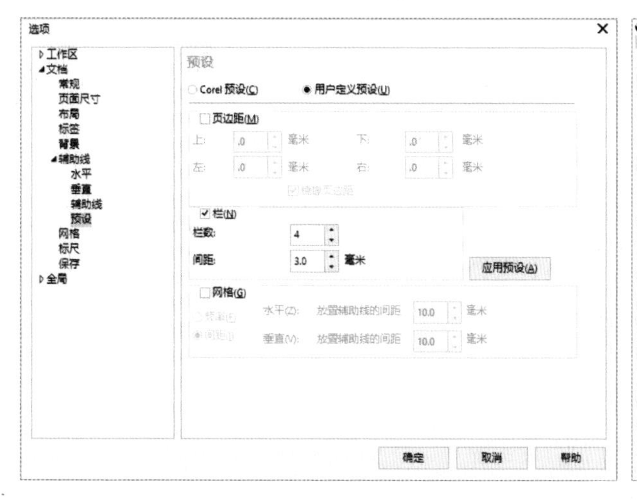

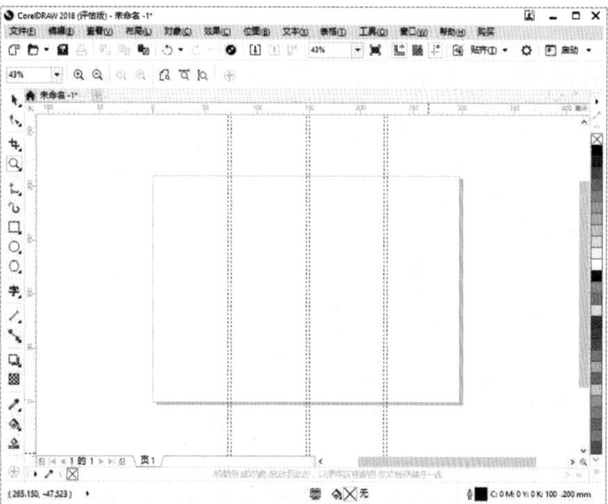

1.2 图像与色彩基础

图像是人类视觉的基础，是自然景物的客观反映，即“图”是物体反射或透射光的分布，“像”是人的视觉系统所接受的图在人脑中所形成的印象或认识。图形图像文件大致可分为位图文件和矢量文件。本节将介绍有关位图与矢量图，以及图像色彩的基础知识。

1.2.1 位图与矢量图的区别

矢量图

矢量图是根据几何特性来绘制图形。矢量可以是一个点或一条线，矢量图只能靠软件生成，文件占用内在空间较小。因为这种类型的图像文件包含独立的分离图像，所以可以自由无限制的重新组合。它的特点是放大后的图像不会失真，与分辨率无关，文件占用空间较小；它的缺点在于难以表现丰富的色彩层次和图像细节效果。矢量图绘制适用于图形设计、文字设计、标志设计和版式设计等，典型的矢量图处理软件除了 CorelDRAW 之外，还有 Adobe Illustrator、AutoCAD 等。

位图

位图也叫点阵图或像素图，是由称作像素（图片元素）的单个点组成的，位图上的每个像素都有自己特定的位值和色值。位图在放大到一定程度时会发现它是由一个个小方格组成的，这些小方格被称为像素，一个像素是图像中最小的图像元素。位图图像与分辨率有关，即图像包含固定数值的像素，对其进行缩放或低于创建时的分辨率输出打印，将会丢失其中的细节，导致图像不清晰，呈马赛克状。

1.2.2 位图转换为矢量图

在 CorelDRAW 中，可使用“描摹位图“工具将置入的位图转换为细致的矢量图，并通过路径对图形图像进行编辑和调整，转换为矢量的图形图像不论放大或缩小都不会出现失真的现象。在 CorelDRAW 中置入一张位图的素材图像，单击“描摹位图”按钮，在下拉菜单中选择“轮廓描摹 > 剪贴画”工具，在弹出的对话框中进行图像细节的调整即可将位图转换为矢量图。

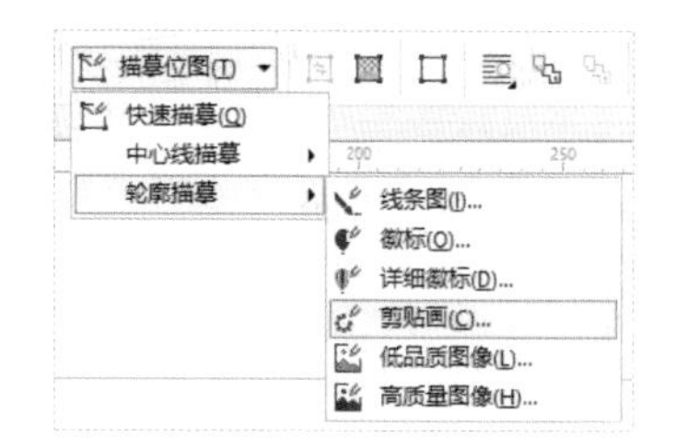

1.2.3 矢量图与位图结合

在平面设计中，矢量图与位图在视觉表现时常结合使用。这不仅能够体现更具设计感的效果，而且在设计提案过程中，也能够通过逼真模拟的贴图效果来体现平面设计的价值，最终达成客户的认可。

1.2.4 图像的色彩模式

非专业的电脑，屏幕的颜色显示是不准确的，而且印刷的颜色色域范围小于屏幕颜色的色域，所以屏幕颜色与印刷颜色并不匹配。CorelDRAW 中使用 3 种颜色模式，即 RGB、CMYK 和专色。

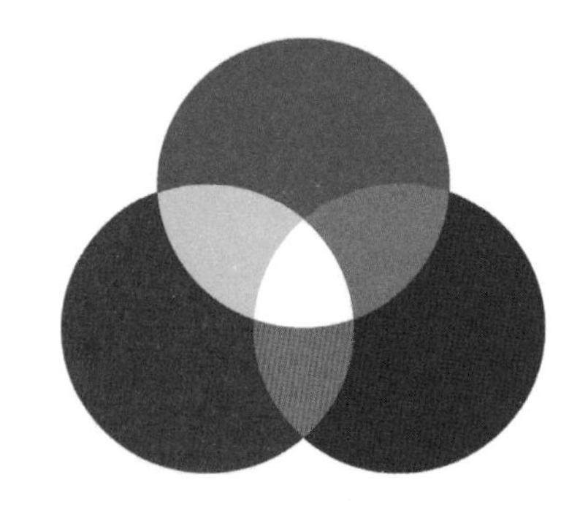

RGB

RGB 色彩模式是用加色三原色来描述物体色彩特征的。RGB 是计算机绘图中最常用的色彩模式，因为大多数彩色显示器均直接支持此模式。然而，RGB 定义的色彩在不同的显示器上会产生差异，不适合印刷。

BLACK

CMYK

CMYK 色彩模式的基础不是色光的叠加，而是色光的相减，是印刷油墨形成色彩的方式，也是四色印刷的基础。CMYK 色彩模式的色值为 0~100%，形成色彩时以不同数值的青、品红、黄、黑四色组合而成。CMYK 以青、品红、黄色三色为主色，会因不同的原色比例、不同型号的油墨得到不同的颜色。此色彩模式所形成的色彩因印刷机、油墨和承印物的特性而异。

专色

专色是指印刷时不通过 CMYK 四色合成，而是采用特定的油墨印刷。印刷时每个专色只有一张对应的色版。PANTONE 就属于专色，在 CorelDRAW 中，可以使用 PANTON MATCHING SYSTEM 专色色板为各种对象填充专色。

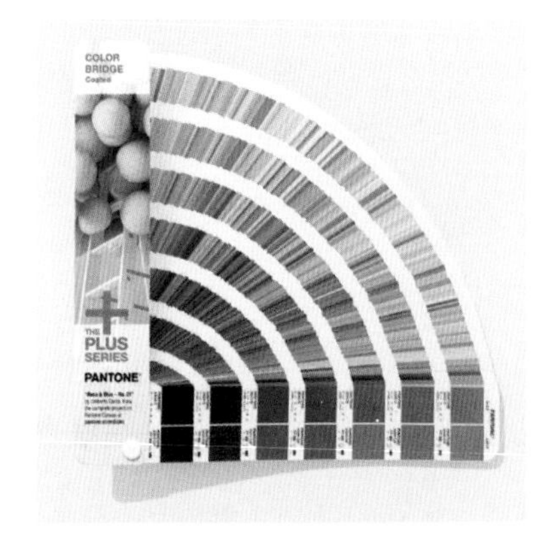

1.PANTONE 专色

国际上现在普遍采用美国 PANTONE（潘通）公司的 PANTONE 配色系统（Pantone Matching System），英文缩写为 PMS，它是一个完全独立的颜色系统，PMS 的配色名称是按照颜色视觉中的 HBS 值来表述的，即所有 PMS 颜色都可以用 HBS 颜色空间来描述。PMS 使用 15 种标准的基本色配制出 1000 多种专色。在色谱中每一个颜色组成成分用一个标号标定，使用者凭着色样和 PMS 标号便可以沟通与应用。

2.金属专色

金属包装包括青金色、红金色和银色等，是一种能表现金属质地的专色。这些金色和银色是使用普通四色油墨调配不出来的，它们是专门生产出来使印刷品能表现金属色泽的油墨。使用金和银油墨印刷的印刷品，能表现出凝重、华贵的效果。

3.荧光专色

一般有荧光黄、荧光绿、荧光蓝、荧光红和荧光紫等多种类型，荧光油墨具有非常鲜艳的色泽，采用荧光墨的印刷品与其他印刷品放置在一起，其表现非常醒目、出彩。

4.其他调配专色

在名片、刊物、书籍或画册中常会用到调配专色。为了完美传达企业标志和品牌的专用色，需要使用固定的油墨，使印刷品表现出了多姿多彩的形态。调配专色按特定色彩混合调配而成。

5.白色

在透明的塑料、玻璃上，或是在黑色的材质上印刷彩色时，需要首先印刷一层不透明的白色，其他油墨才能在白色上表现正常的色彩。常见的包装印刷上为了不影响色彩并能够真实地表现四色印刷的色彩，一般先在金银卡上面印刷白墨，然后叠印印刷四色。有时也将白墨与其他专色调配，形成较淡的专色油墨。白色在深色的纸张上面独立应用印刷出白色，也称白色专色。

1.2.5 图像的导入与导出

01 在软件使用过程中，经常需要将其他文件导入文档中进行编辑，如.jpg、.ai和.tif格式的素材文件。执行“文件>导入”菜单命令。

02 在弹出的“导入”对话框中选择需要导入的文件，然后单击“导入”按钮，即可完成文件导入。

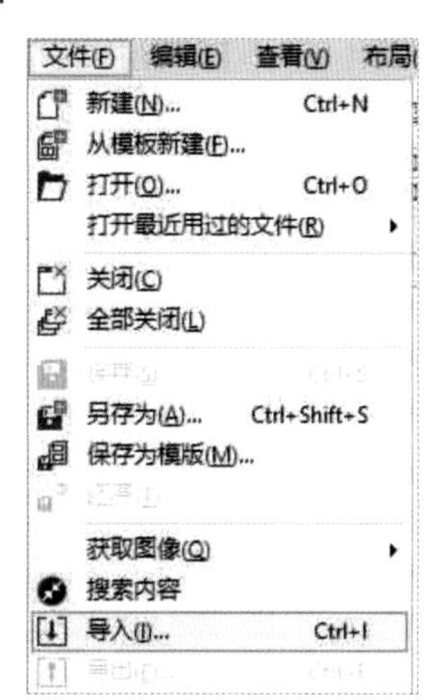

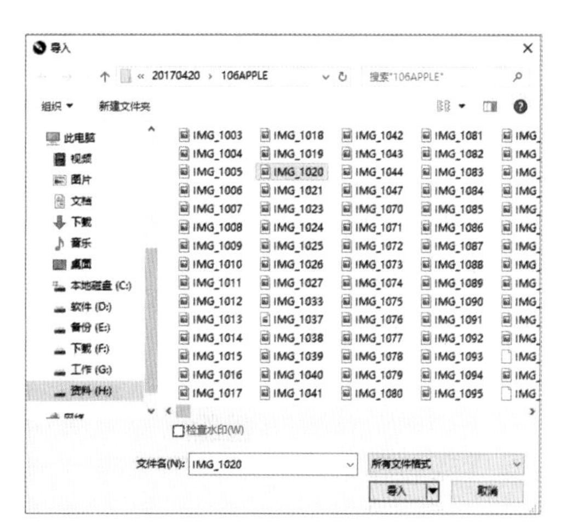

除了在菜单栏中导入文件外，还有另外两种方法：第1种，在常用工具栏上单击“导入”按钮，也可以打开“导入”对话框；第2种，在文件夹中找到需要导入的文件，然后直接将其拖曳到编辑的文档中，采用这种方法导入的文件会按原比例大小进行显示。

03 编辑完成的文档可导出为不同的保存格式，方便用户导入到其他软件中进行编辑。执行“文件>导出”菜单命令，打开“导出”对话框，然后选择保存路径，在“文件名”文本框中输入名称，接着设置文件“保存类型”（如AI、BMP、GIF、DWG和JPEG等），最后单击“导出”按钮。

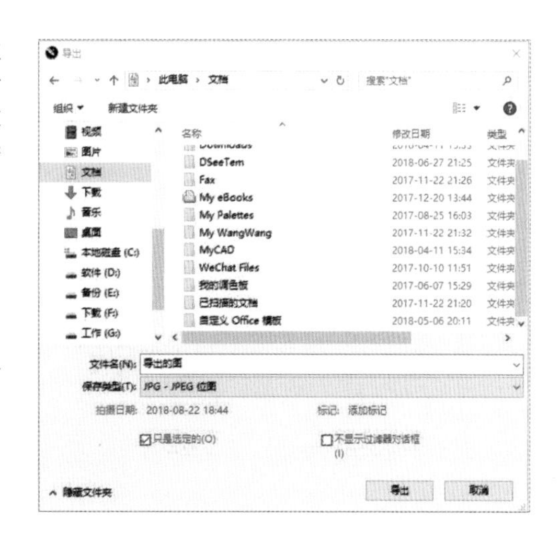

除了在菜单栏中执行“导出”命令外，还可以在“常用工具栏”上单击“导出”按钮，打开“导出”对话框完成操作。导出时有两种方式，第1种是导出页面编辑的内容，是默认的导出方式；第2种是在导出时勾选“只是选定的”复选框，导出的内容即为选中的目标对象。

1.3 印前检查与输出

据了解，90% 以上的平面设计从业人员很少有机会去印刷厂真实体会印刷生产的全过程，使得大家对平面设计作品的印刷实际生产流程带有片面的理解，特别是印前与印刷的驳接上，容易出现很多错误，以至于造成印刷成品事故，浪费时间和金钱。平面设计师必须熟悉印刷的基本流程与规范，不仅在印前设计时需要考虑成品的印刷工艺和规范，而且在完稿后也需要与印刷厂进行文件的校稿与质量管控，从而规避印刷事故的发生。

1.3.1 文件检查

当我们完成了设计稿件，在发给印刷厂进行印刷之前，必须进行文件的检查。执行“文件 > 文档属性”命令，弹出“文档属性”对话框，查看文档信息是否符合规范，例如，检查文字是否转曲，文件的色彩模式是否符合印刷的需要。

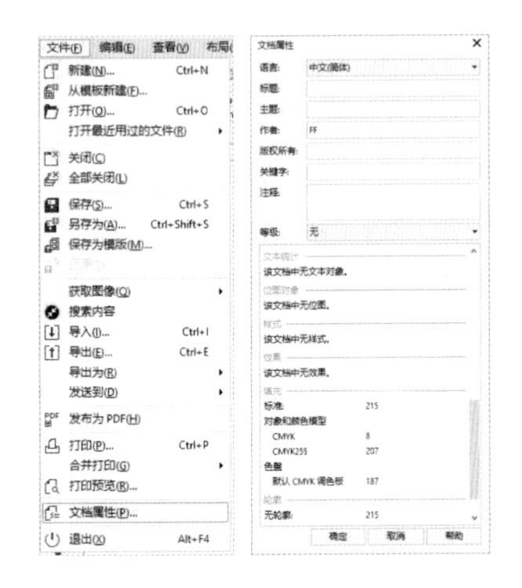

当我们在检查文件时发现有部分文字未转曲时，需要执行“编辑 > 查找并替换 > 查找对象”菜单命令，弹出“查找向导”对话框，单击“下一步”按钮。

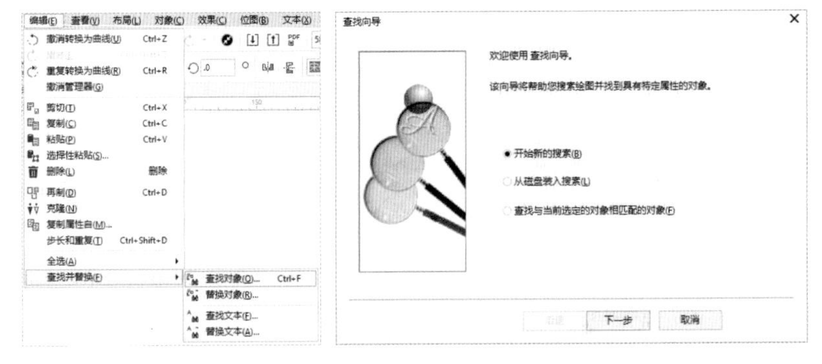

然后在“对象类型”下面的选项中将“文本”中的全部文件都选中，再单击“下一步”按钮。接着选择“美术字”，单击“下一步”按钮。

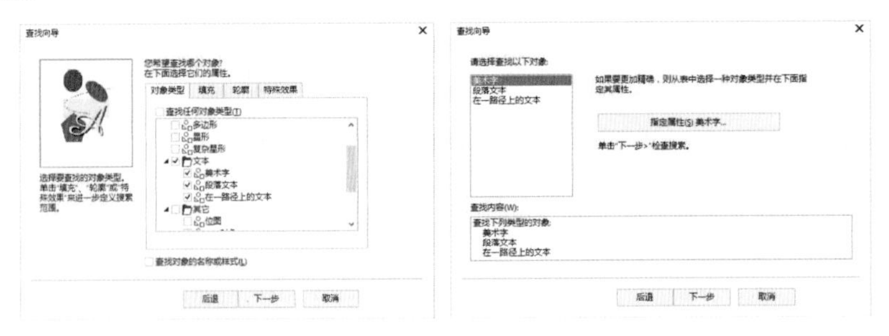

直至“完成”，单击“查找全部”按钮，即可找到未转曲的文字，进行最后的转曲。

1.3.2 储存格式与输出

印刷文件输出最终使用PDF格式，交付印刷厂PDF格式文件最为安全和准确。因为PDF文件格式是所有排版软件完稿后，转换为过渡印刷文件的普遍格式，其兼容性强，稳定性好。CDR文件可直接发布为PDF，选择发布至PDF，选好储存路径及文件名。

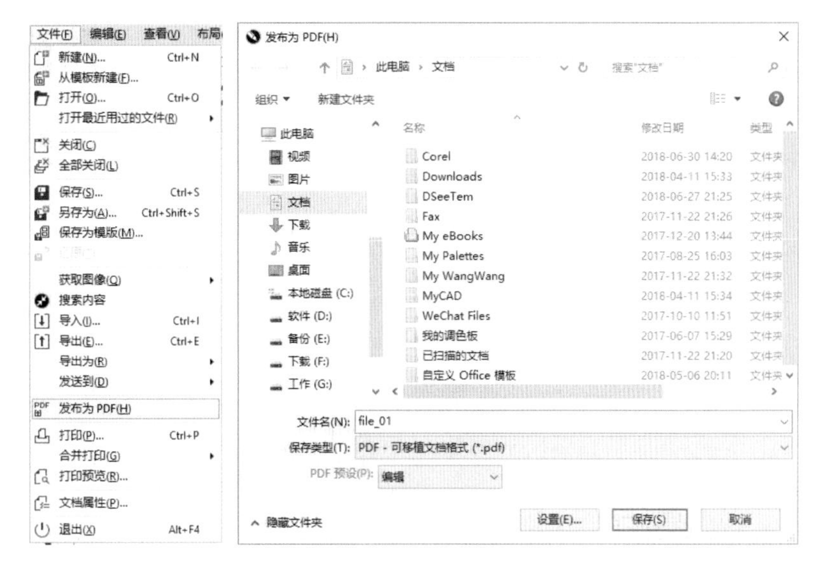

PDF预置选编辑，“兼容性”选Acrobat 9.0，以及导出页面范围。

颜色使用文档颜色设置，输出为CMYK，保留文档叠印。

文档：使用默认即可。

对象：图像压缩为JPG，这样文档会小一些，并勾选“将所有文本导出为曲线”复选框。

预印：出血设置为3mm，其他选项不选择。

安全性：使用默认即可。未发现错误问题，导出完成。

第 02 章

CorelDRAW之图案设计

“图案”这个词是从日本传入中国的 20世纪30年代以陈之佛、雷圭元为代表，从日本留学带回的 雷圭元对“图案”的定义是“图案是实用美术、装饰美术、建筑美术方面，关于形式、色彩、结构的预先设计，在工艺材料、用途、经济、生产等条件制约下，制成图样、装饰纹样等方案的总称” 本章将向读者介绍图案设计的相关知识，并通过案例的制作使读者能够运用CorelDRAW进行图案的设计

2.1 图案设计知识

“图案”在中国古代和过去被称之为“文镂”或“装饰纹样”，这种纹样就是视觉符号，它所反映和表达的是生存的文化与生活的文化。图案的产生源于人类认识自然和改造自然的需要，人类要认识自然、社会和人生就要依靠视觉和思维，而视觉与思维需要借助形象和概念，所以人类自古以来一直在寻找能够用视觉符号表达思想感情的方式，寻找能够利用图案储存自己的记忆和知识的方法，寻找能够把信息的传达程序化、简单化的方法。

图案是装饰的基础，也称装饰性纹样，是一种装饰性与实用性结合的艺术表现形式。一般而言，可以把非再现性的图形表现都称作图案，包括几何图形、视觉艺术和装饰艺术等图案。

Cross Flower_图案设计 / 设计师_刘第秋 / 该图案旨在提炼苗族刺绣的视觉语言、几何构成和色彩搭配，通过计算机辅助设计，将数纱绣构成方式转换为数位的二次连续或四次连续图案。

2.1.1 图案设计形式

1. 对称式

对称，以一条直线为对称轴，在中轴线两侧配置等形、等量的图案组织，也可以以一点为中心，上下和左右纹样完全相同。

从自然形象中，到处都可以发现对称的形式，如人类的五官和形体、植物对生的叶子、蝴蝶等，都是左右对称的典型。从心理学角度来看，对称满足了人们生理和心理上对于平衡的要求，对称是原始艺术和一切装饰艺术普遍采用的表现形式，对称形式构成的图案具有重心稳定和静止庄重、整齐的美感。

2. 均衡式

均衡，是指中轴线或中心点上下、左右的纹样等量不等形，即分量相同，但纹样和色彩稍有差异，是依中轴线或中心点保持力的平衡。在图案设计中，这种构图生动活泼，富于变化，有动的感觉，具有变化美。

3. 条理与反复式

条理是有条不紊，反复是来回重复，条理与反复即有规律地重复。

自然界的物象都是运动和发展着的。这种运动和发展是在条理与反复的规律中进行的，如植物花卉的枝叶生长规律，花形生长的结构，飞禽羽毛、鱼类鳞片的生长排列，都呈现出条理与反复这一规律。

图案中的连续性构图最能说明这一特点。连续性的构图是装饰图案中的一种组成形式，它是将一个基本单位纹样做上下左右连续，或向四方重复地连续排列而成的连续纹样。图案纹样有规律地排列，有条理地重复交叉组合，使其具有淳厚、质朴的感觉。

图案主题_敦煌图案设计 / 设计师_陈琴 / 传统纹样的莲花和几何纹样的融合

4. 节奏与韵律式

节奏是规律性的重复。节奏在音乐中被定义为“互相连接的音，所经时间的秩序”，在造型艺术中则被认为是反复的形态和构造。在图案中将图形按照等距格式反复排列，进行空间位置的伸展，如连续的线、断续的面等，就会产生节奏。

韵律是节奏的变化形式。它变节奏的等距间隔为几何级数的变化间隔，赋予重复的音节或图形以强弱起伏、抑扬顿挫的规律变化，就会产生优美的律动感。

节奏与韵律往往相互依存，互为因果。韵律在节奏基础上的丰富，节奏是在韵律基础上的发展。一般认为节奏带有一定程度的机械美，而韵律又在节奏化中产生无穷的情趣，如植物枝叶的对生、轮生、互生，各种物象由大到小，由粗到细，由疏到密，不仅体现了节奏变化的伸展，也是韵律关系在物象变化中的升华。

图案主题_敦煌图案设计 / 设计师_陈琴 / 传统纹样的韵律设计与应用

2.1.2 图案设计要求

1. 实用性

图案本身就是一种实用美与装饰美结合的艺术形式。实用性是图案的物质属性，是有其内部结构形成的特定功能及社会各方需求。图案设计需要充分发挥材料的性能和工艺的特点，使艺术创造和物质生产完美地结合起来。否则，设计的图案只能是纸上谈兵，即使付诸生产，也可能费时费料，不切实际。

图案主题_敦煌图案表带设计 / 设计师_陈琴 / 传统纹样的韵律设计与应用

2. 艺术性

艺术性是图案的精神属性，是内在的象征力与优美的外在形式的统一。体现了设计者的审美情趣和审美习惯。图案设计师依据产品的特征和内容要求，通过对生活的观察，结合自己丰富的想象力、表现力和各种表现手法，将对象进行提炼、概括、加工和取舍等艺术处理，最大限度地展现图案的魅力。

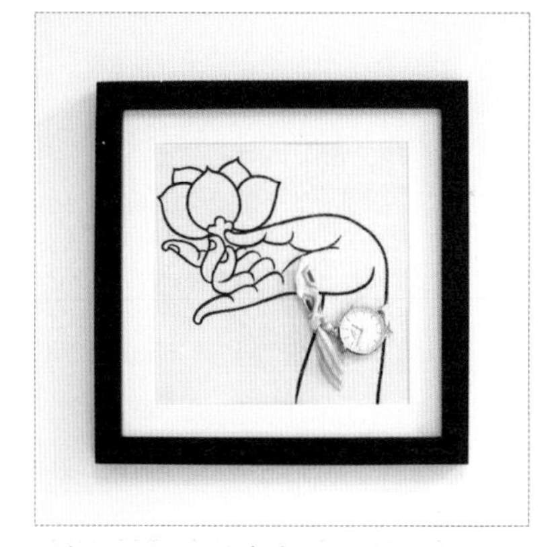
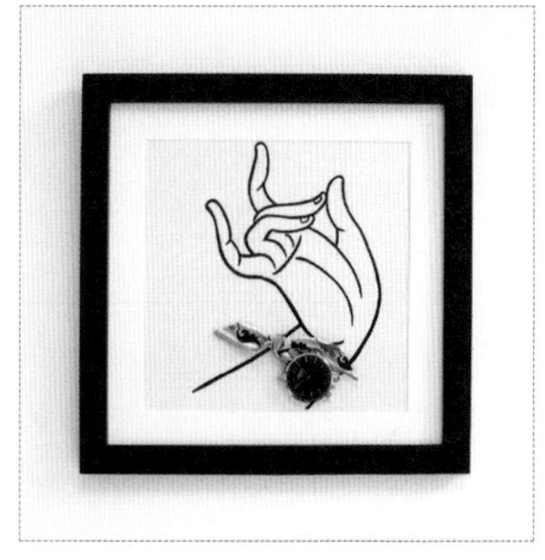

图案主题_敦煌图案表带设计 / 设计师_陈琴 / 传统纹样的韵律设计与应用

3. 创造性

现代图案设计需与时俱进，视觉独特，形式新颖。在保证图案的实用性和艺术性的基础上，通过对时代审美的认知，创造性地进行图案的设计，通过强烈新颖的视觉符号来区别于其他陈旧的图案，给人留下深刻的印象。

梁平甜茶品牌辅助图案设计 / 设计师_陈本兰 / 辅助图案的设计在品牌视觉系统设计中是必不可缺的，对于品牌的延展应用具有很强的实用性

2.2 制作独立图案

设计背景：

“万象灵思”是一个长期植根于中国贵州少数民族地区的研究项目，其目的在于如何在当代语境中通过视觉设计和产品创新设计再现和延续少数民族视觉文化遗产。

设计关键词：手绘工具、椭圆形工具、多边形工具、形状工具

本案例中使用了CorelDRAW的“手绘工具”“椭圆形工具”和“多边形工具”绘制图案的基本形态，并通过“形状工具”来调整图案的细节，最终描绘出一个既具有少数民族视觉风格，又符合时代审美的时尚图案。篇幅受限的原因，本节只以其中一个图案——苗龙为例进行操作示范，其余图案作为课后练习完成。

独立图案_百鸟衣图案设计 / 设计师_刘第秋 / 苗族传统纹样设计与应用

制作独立图案：

01 新建文档 执行“文件>新建”菜单命令创建新文档。

02 绘制图案组件 依据田野调查所拍摄到的苗族“百鸟衣”盛装，进行图案提炼。依据图案的几何结构，进行图案组件的绘制。

03 分别使用“椭圆形工具”和“矩形工具”绘制等大的正方形和圆形。接着选择这两个组件，按快捷键“C”和“E”上下居中对齐。

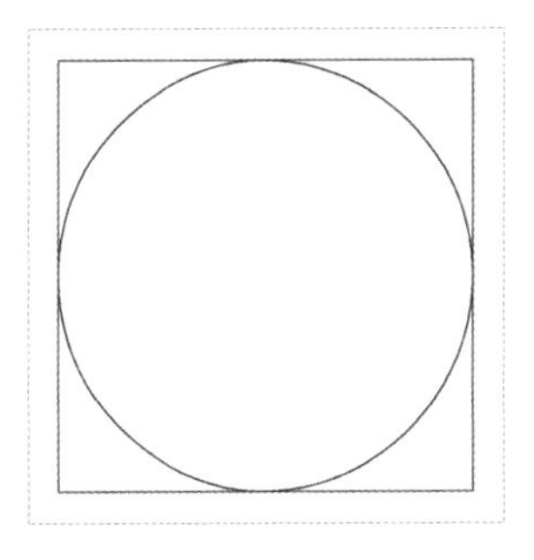

04 然后，选择圆形组件后，使用菜单栏的“对象>造型”命令，在弹出的“造型”对话框中选择“修剪”命令，对正方形对象进行修剪，得到正方形的四个边角，如右图的左图所示。接着将1/4的边角对象基于Y轴分别进行上下复制，效果如右图的右图所示。

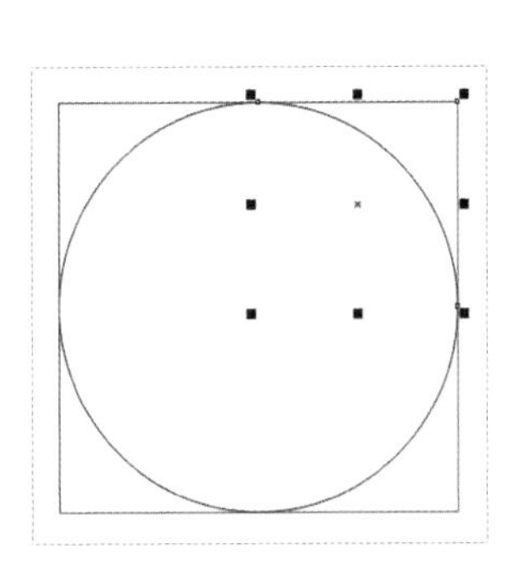

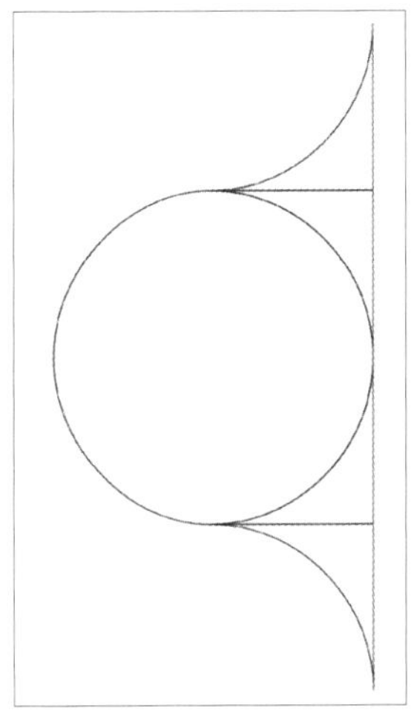

05 接着用鼠标左键选中圆形对象，按Shift键，向内缩小对象的同时，按右键即可复制同心圆对象。然后，再使用“合并”工具，将4个边角与圆形合并。

06 旋转复制对象 使用“形状”工具绘制出三角形组件，镜像复制一个后，将两个三角形群组，并与圆形居中对齐，然后在菜单栏中选择“对象>变换>旋转”命令，弹出“变换”对话框。然后设定旋转为20度，复制副本数为1，单击“应用”按钮即可完成“苗龙”眼珠的绘制。

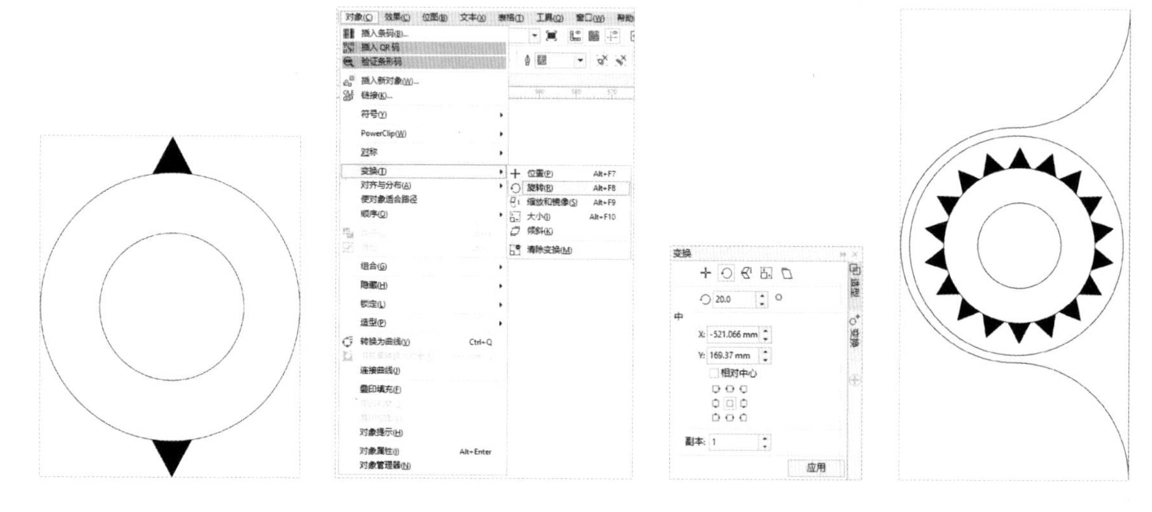

07 合并图形 使用“形状”工具绘制出苗龙的嘴，然后镜像复制对象后，选取两个对象，使用“合并”工具，完成苗龙龙头的绘制。

08 绘制龙身 使用“形状”工具绘制龙身的各个细节（龙鳞、龙纹、龙尾），具体细节的绘制方法大同小异，这里不再赘述。

09 填充颜色 基于对苗族“百鸟衣”色彩搭配的参考，选定相应的配色方案和色值，完成该图案的创作。

2.2.1 对比分析

该图案设计是基于传统的苗族龙纹来创作的，整体的视觉效果既保留传统的元素，又符合时代的审美。设计并非一蹴而就，而是在不断地推敲过程中逐步完善的。

- 初稿苗龙的“龙头”视觉效果比较呆板，眼珠缺乏灵气。
- 初稿设计的配色比较陈旧，不够醒目。
- 修正后的苗龙整体设计具有动感，眼神灵动。
- 修正后的苗龙的配色整体醒目而稳定，与传统的苗龙图案相比，增添了时尚的视觉感受。

2.2.2 案例分析与心得

传统的苗族的视觉纹样是极其绚丽而富有寓意的，是东方文化的延续与体现。但当我们在使用和延展设计时，若直接挪用会显得十分俗气和不伦不类。这是因为传统纹样的形态和配色不太适合我们产品和应用，所以需要重新进行设计和配色才能满足时代的审美需求，真正做到对非物质文化遗产的传承和发展，使其具有生命力。而CorelDRAW无论是在图案形态细节上，还是在配色方案上都非常适于满足对传统图案的再创作和设计的需求。

独立图案_苗龙图案设计 / 设计师_刘第秋 / 苗族传统纹样设计与应用

2.3 制作连续图案

设计背景

“鹡宇鸟”是榕江摆贝苗族支系“百鸟衣”服饰文化中的鸟纹图腾样式。苗族鸟图腾文化源于中国鸟图腾文化的一个分支，并在发展的过程中融入了自己的民族特色，成为中国鸟图腾文化一个独特的存在，尤其是在中国各民族鸟图腾文化逐渐消亡的状况下，摆贝百鸟衣图腾文化显得更为重要。基于对鸟图腾文化的传承与发展，笔者进行了图案的再创作。

设计关键词：椭圆形工具、旋转命令、修剪命令

本案例中使用了CorelDRAW的“椭圆形工具”和“圆角工具”绘制路径图形，并通过“形状工具”进行图案细节的绘制，使用“旋转”命令进行几何图案的规范设计，最终使用“修剪”命令完成二方连续纹样的基本单元，构成连续图案。

连续图案_鹡宇鸟图案设计 / 设计师_刘第秋 / 苗族传统纹样设计与应用

制作连续图案

01 新建文档 执行“文件>新建”菜单命令创建新文档。

02 绘制几何花纹 按住Ctrl键的同时，使用“椭圆形工具”绘制几何花纹中心的圆形，接着按住Ctrl键的同时，使用手绘工具画直线与圆形居中对齐。

03 接着选择该直线，在菜单栏中选择“对象>变换>旋转”命令，弹出“变换”对话框。然后设定旋转为45度，复制副本数为3。

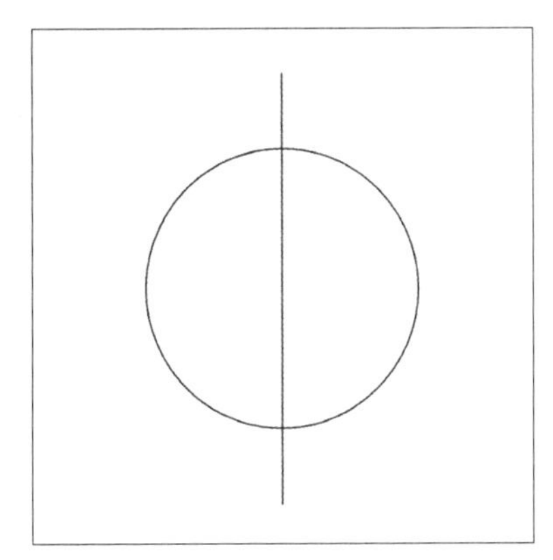

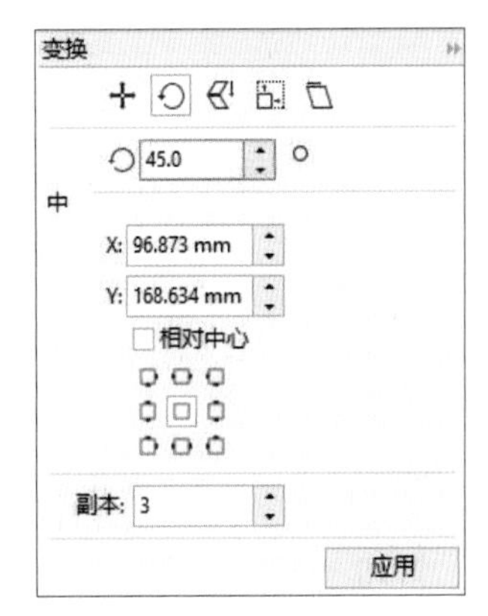

04 然后选取这4条直线，在菜单栏中选择“对象>造型”命令，在弹出的对话框中选择“修剪”命令，对圆形进行修剪。点击对修剪过后的圆形进行拆分（也可按快捷键Ctrl+K进行拆分），最后进行颜色填充。

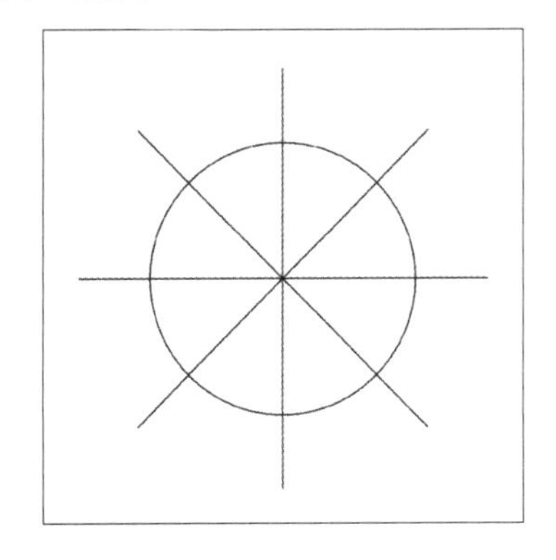

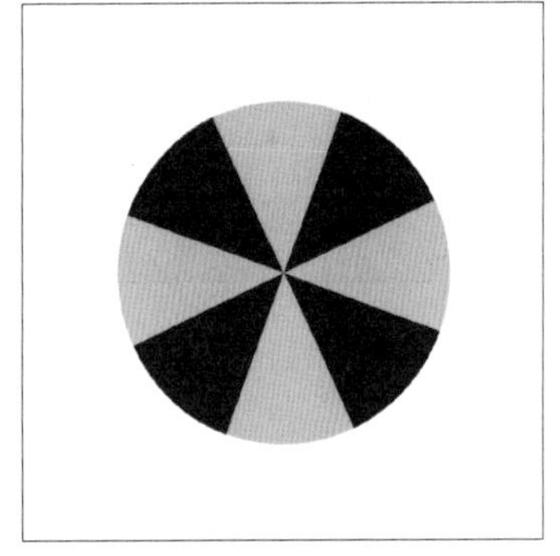

05 接着开始绘制花纹的花瓣，使用“矩形工具”，绘制出长方形，并在属性栏单击“圆角工具”，设定圆角半径为100，即完成矩形边缘的圆角形态。然后，再单击“轮廓图工具”，向内轮廓复制一个圆角的矩形，并填充颜色。

06 接着使用“椭圆形工具”绘制一个圆形，在菜单栏中选择“对象>造型”命令，在弹出的对话框中选择“修剪”命令，将下图左图所示的图形居中进行修剪，得到下图右图所示的图形。

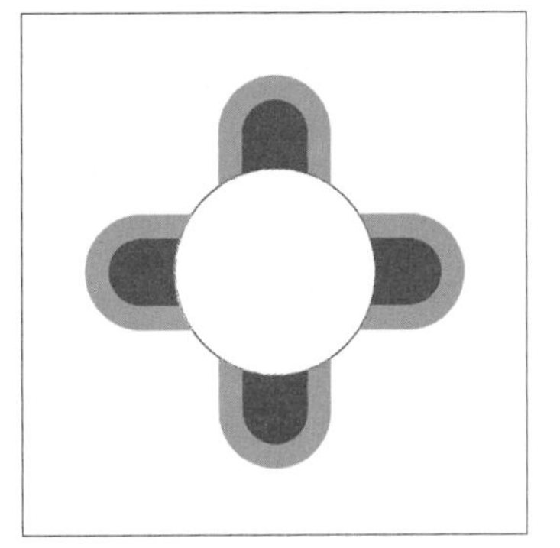

07 将两个图形组件居中对齐，如下图左图所示。然后，使用“手绘工具” 绘制出该几何花纹的细节。

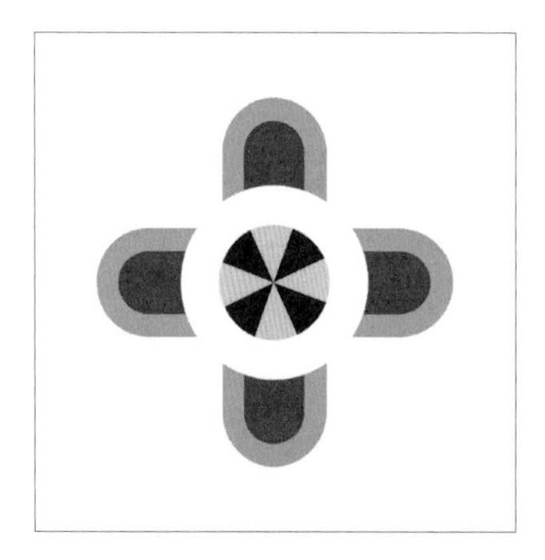

08 复制一个该组件，并与前面的图居中进行组合。最后选取这两个组件，在菜单栏中选择“对象>变换>旋转”命令，弹出“变换”对话框。然后设定旋转为90度，复制副本数为1。

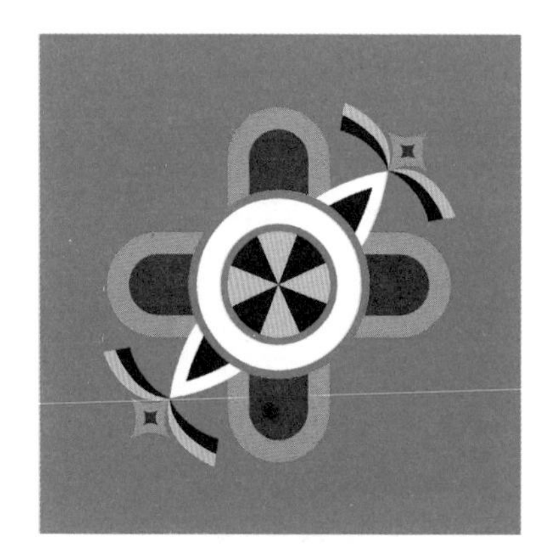

09 单击“应用”按钮，即可完成几何花纹的绘制。

10 **绘制**鸟纹 基于田野调查所拍摄的苗族“百鸟衣”盛装，对鸟图腾的图案进行提炼和再设计。

11 使用“手绘工具”进行“鹡宇鸟”身躯的绘制。在绘制时注意线条的流畅性，尽量让线稿的曲度柔和、顺滑，并保证每个组件都是闭合图形，才能完成下一步的填色操作。

TIPS

使用“手绘工具”绘制的线稿或者闭合图形往往不那么规范和流畅，我们可以用“形状工具”对线稿进行节点的添加、删除和调整，使得图案轮廓更柔和、流畅。

12 接着，使用“手绘工具”进行“鹡宇鸟”羽毛与尾巴的绘制。同样使用形状工具对各个节点进行编辑，使羽毛显得更灵动与轻盈，并将身躯与羽毛、尾巴组合到一起。

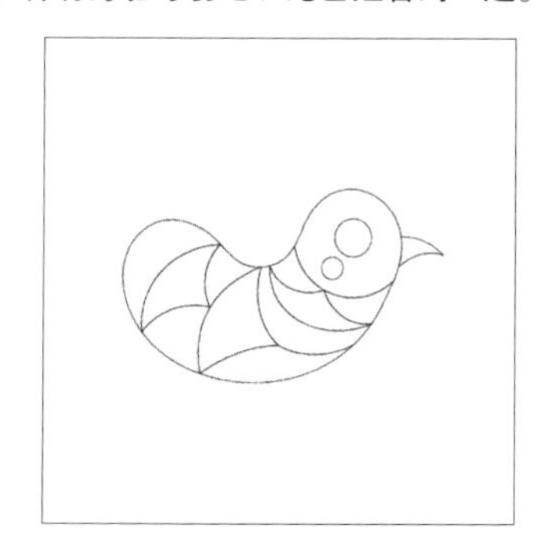

13 绘制二方连续单元图案 二方连续亦称“带状图案”，图案花纹的一种组织方法。指一个单位纹样向上下或左右两个方向反复连续循环排列，产生优美的、富有节奏和韵律感的横式或纵式的带状纹样，亦称花边纹样。下面我们以鹡宇鸟图案单元作为示意。首先，将几何花纹和鹡宇鸟图案组合在一起。

以上图案由一对鹡宇鸟和几何花纹构成，若进行二方连续的编排，需要进行图案单元的制作。

14 保持几何花纹与鹡宇鸟的位置固定。接着使用“手绘工具”，按住Ctrl键绘制一条直线和几何花纹居中对齐，在菜单栏中选择“对象>造型”命令，在弹出的对话框中选择“修剪”命令，对花纹进行修剪，得到1/2个几何花纹图案，并镜像复制该图案，与鹡宇鸟图案保持间距固定，即可完成二方连续的图案单元，左右复制都是无缝连续的图案。

2.3.1 对比分析

该图案设计是基于传统的苗族百鸟衣文化的鸟纹来创作的，整体的视觉效果既保留的传统的元素，又符合时代的审美。然而从视觉原型的提炼，到图案的再设计和细节的推敲，是在不断修正的过程中逐步完善的。

Before

After

- 初稿的鸟纹虽基本还原了苗族鸟纹的传统纹样，但视觉效果稍显呆板，比如鸟头和鸟嘴。
- 初稿鸟纹的羽毛与尾巴缺乏细节，整体视觉效果不够灵动。
- 初稿的图案配色单一，颜色陈旧，三个色块使图形的整体效果显得琐碎。
- 修正后的“鹡宇鸟”图案，线条流畅，色块丰富且整体性强。
- 修正后的鸟纹，细节的组件进行了撞色的色彩搭配，整体视觉效果灵动而富于变化。

2.3.2 案例分析与心得

中国少数民族的图案蕴藏着无尽的瑰宝，图案绚丽多彩又富有深刻的寓意。记录着人们对生活的感悟，对自然的敬畏。此案例图案的设计视觉原型来源于苗族百鸟衣文化，苗龙和鹡宇鸟都是苗族视觉文化中的重要元素，通过对其造型和色彩的提炼，结合 CorelDRAW 的软件辅助设计，绘制出既有传统意味又具有时代审美的图案，并将其应用于日常生活用品中，是非遗文化的传承和保护的途径，也是对民族文化的认同和发展。

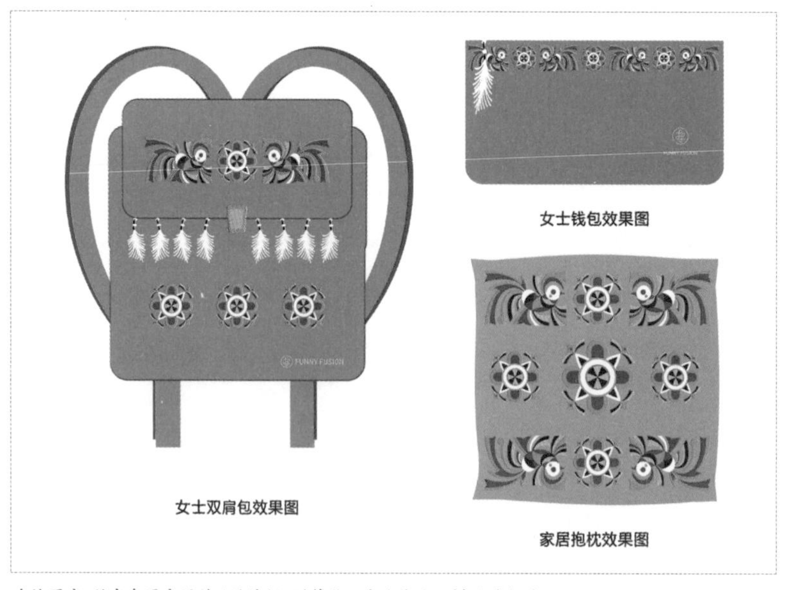

连续图案_鹡宇鸟图案设计 / 设计师_刘第秋 / 苗族传统纹样设计与应用

2.4 课后练习

通过以上图案设计案例的剖析与讲解，大家应该对图案设计的步骤和要求有了大体的了解，对如何进行原创的图案设计有了认知。下面，我们通过完成如下图案设计来训练自己对软件的操作能力、计算机表现能力，以及图案应用与延展的能力。

2.4.1　独立图案设计

以下独立图案是用CorelDRAW软件的“手绘工具”和“形状工具”来完成的，都是通过线稿的形式来表现，对于图案设计的初学者而言，可以锻炼如何使用软件工具来让图案形态变得流畅自然。

2.4.2　连续图案设计

苗族挑花属于苗族传统手工艺的一种，因技法特殊而从刺绣中分离出来，2006年被列为第一批国家级非物质文化遗产，被誉为世界上最美的挑花。此次图案设计作业是基于传统苗族挑花的纹样，梳理出挑花设计的规律和形式，进行图案的再设计。

蓮花半島

第03章 CorelDRAW之字体设计

字体设计是平面设计中重要的知识组成部分和基础，是信息的重要载体。通过计算机辅助设计完成字体的规范设计，是平面设计师必须掌握的基本技能。在标志、广告、海报、插画、包装和品牌形象全案设计中，都离不开对字体的设计。优秀的字体设计在其应用中起到明确主题、画龙点睛的作用，同时可以准确地传达信息。本章节基于CorelDRAW软件的操作实例，全面而深入地阐述了字体设计制作过程。

3.1 字体设计知识

字体设计是指对文字按视觉设计规律加以整体的安排，是人类生产与实践的产物，是随着人类文明的发展而推进的。字体设计是以字的最小组成单元（笔画）为对象而进行的结构比例角度等的设计手段（也包括对笔画所进行的肌理、颜色的变化等处理），最终形成字的整体面貌的方法、过程和结果。

3.1.1 字体设计形式

字体设计是由简到繁、由浅入深的设计过程，在实践中不断挖掘字体设计的方法，并借助字体自身的特点去寻找设计的突破口，在这个过程中，字体设计的形式变得极为重要。

字体设计的形式主要表现为开发性字体设计和创意性字体设计两类。开发性字体设计指方便印刷、排版的规范字体设计系统；而创意性字体设计主要是针对专门的行业、品牌进行设计，便于商业视觉形象推广和传播，专属定制的字体。

开发性字体设计_重庆工业职业技术学院VI英文字体 / 设计师_刘第秋 / 依据工业职业学院的学科专业属性而创作的具有工业元素风格的专属英文字体，该字体26个字母在VI应用中可单独或组合使用。

创意性字体设计_摄影工作室项目“自由拍” / 设计师_刘第秋 / 将自由拍与相机图形共用，创作出专属的活泼风格的中文创意字体。

字体的形式又可分为衬线体与非衬线体两类，衬线体的笔画在开始和结束处有额外的修饰，并且笔画粗细不一，而非衬线体则是所有笔画的粗细一致，在笔画的开始和结尾处没有额外的修饰。

衬线体字体_遇见那年 CAKE ME BACK / 设计师_刘第秋 / 将“遇见那年”4个字结合英文的衬线体的形式感，创作出具典雅易记的专属字体，体现该甜点品牌经典的品质。

非衬线体_苗HMONG / 设计师_刘第秋 / 将传统的苗族蜡染图案几何构成形式与汉字“苗”进行同构，创作出具有现代设计感的中文字体。

3.1.2 字体设计要求

适合性

信息传播是字体设计的一大功能，也是最基本的功能。字体设计表述的主题要与其内容吻合、一致，不能相互脱离，更不能相互冲突，破坏了文字的诉求。尤其在商品品牌形象设计上，一个字体标志、一段广告语字体、一个包装的品名都有其内涵意义，从字形结构、色彩搭配和大小比例都应准确无误地传达给消费者。

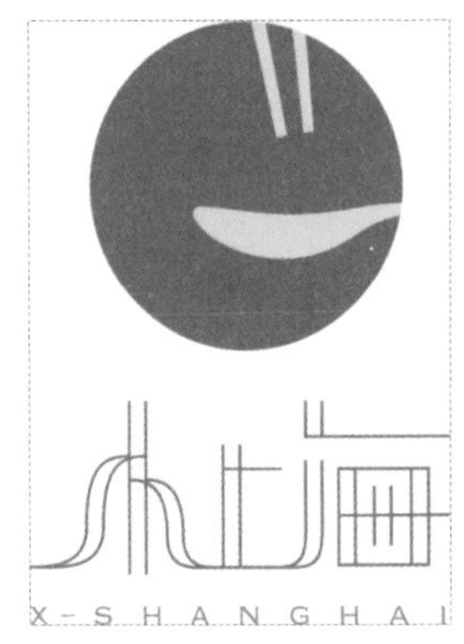

小上海_字体设计 / 设计师_刘第秋 / 以纤细的线条设计出“小上海”字体，体现出该餐饮品牌细致内敛的气质，与品牌的图形吻合、统一。

可识性

文字的主要功能是在视觉传达中向消费者传达信息，这就要求字体的设计要让人容易辨认识别。无论字形结构多么富于美感，都应以识别性作为必要基础，而不能随意改动字形、笔画，否则会使人难以辨认，产生误解。

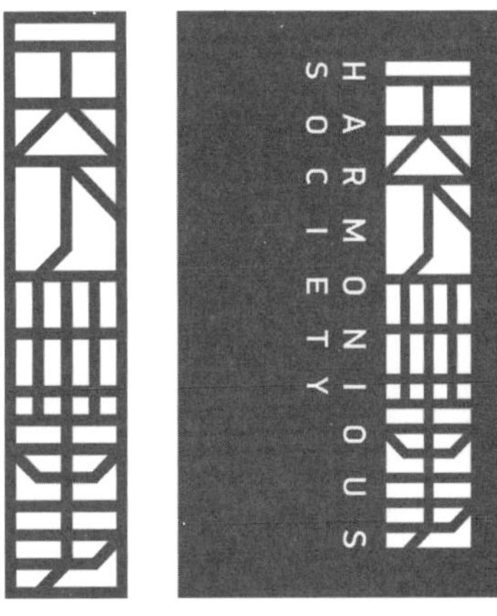

天下无事_字体设计 / 设计师_刘第秋 / 连体字笔画共用，整体统一，且易于识别。

美感性

字体具有传达情感的功能，因此它要能让人感知美。现代的字体设计，美既体现在整体风格中，也呈现在笔画、结构和字里行间。文字由横、竖、撇、捺、点或线条构成，在结构的安排和线条的布局上，需要注意字距关系，强调节奏和韵律，创造出具有表现力和感染力的设计，以符合人们的时代审美和行业需求。

莲花半岛_字体设计 / 设计师_刘第秋 / 用渐变的紫红色与字体的柔美匹配，产生意境美

独特性

依据不同的品牌要求，需要创造出与众不同的字体，以区分同类品牌和建立专属的视觉形象。这种独特性与其主体的内涵和背景是一致的，所以设计时要避免与已有的一些字体风格雷同，更不能有意模仿和抄袭。

八小时银行便利店 _字体设计 / 设计师_刘第秋 / 通过对数字8的再设计，与专属的品牌色彩搭配，创作出独特的字体，且易于识别。

统一性

字体的统一不能仅看其字形结构、笔画和色彩的一致，统一产生的美感往往还需要字体笔画间距均衡来决定，也就是要对其空间做均衡的分配，才能形成字体的统一感。文字有简繁之分，笔画有多少之分，但均需注意一组字的字距空间的大小视觉上的统一，空间的统一是保持字体紧凑、有力和形态美观的重要因素。

红锦记 _字体设计 / 设计师_刘第秋 / 不同的字体风格、字体之间保持统一的视觉风格、字形结构和字体间距，整体视觉效果统一、和谐。

3.2 中文字体设计

设计背景：

“城市有礼”字形运用了几何曲线进行笔画共用设计，结构简练，易于识别，具有篆刻印章之美。

标志的整体形态由线构成，是从标准的方形和圆形模块中提取而来的，兼具现代的视觉构成之美。

标识的第一视觉感知是中国传统印章，象征该品牌根植于中国传统文化，具有古朴的东方审美，并传递出一份真诚的情谊。

设计关键词：椭圆形工具、矩形工具、形状工具

本案例中使用了CorelDRAW的“矩形工具”和“椭圆形工具”绘制网格图案，并通过“形状工具”将网格中的圆形和矩形的线段打散，最终以其为基本单位组合成“城市有礼”4个字。

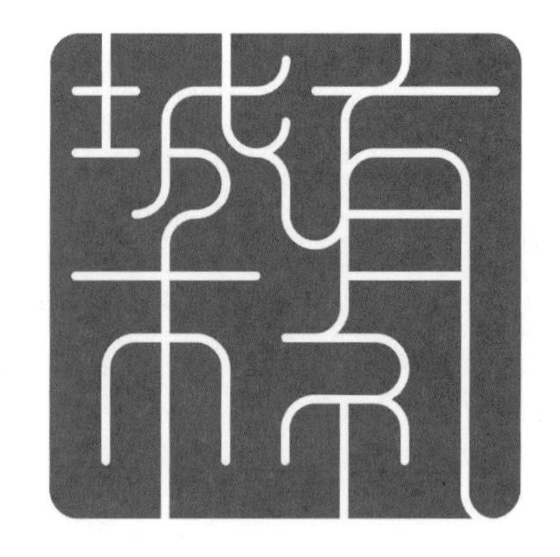

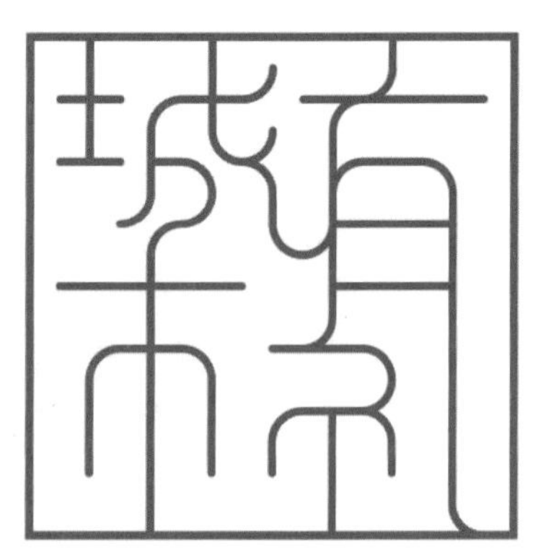

制作中文字体：

01 新建文档 执行“文件>新建”菜单命令创建新文档。

02 绘制结构辅助图案 标志的整体形态由线构成，是从标准的方形和圆形模块中提取而来的，所以第一步需要绘制一张由正方形内切圆组成的四方连续图案。

03 在工具栏中单击“矩形工具”图标□（快捷键为F6），按住Ctrl键和鼠标左键绘制一个正方形。在工具栏中长按“椭圆形工具”图标○选择3点椭圆形。将光标移动到正方形一边线段的中点，按住鼠标左键不放将光标移动到对边线段的终点并释放鼠标左键。

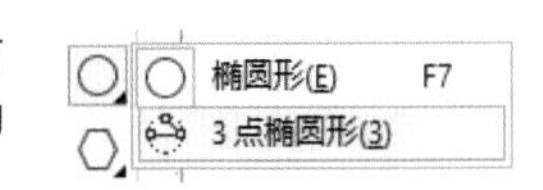

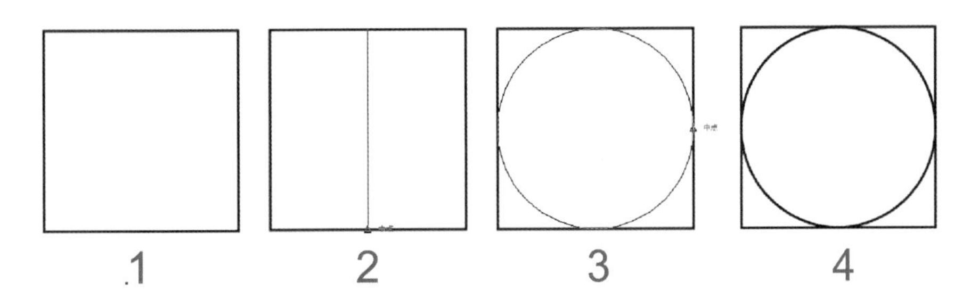

04 选择正方形和其内切圆，鼠标左键按住正方形左上角的节点不放向右拖曳到正方形右上角的节点，然后单击鼠标右键再释放鼠标。

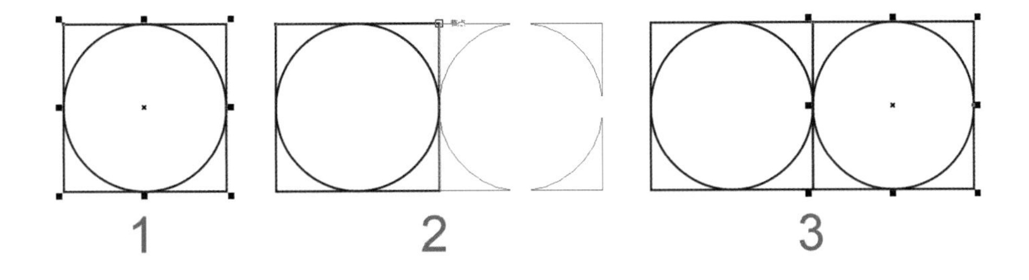

05 重复上面的操作，将此图形铺成一个8×8的大正方形。

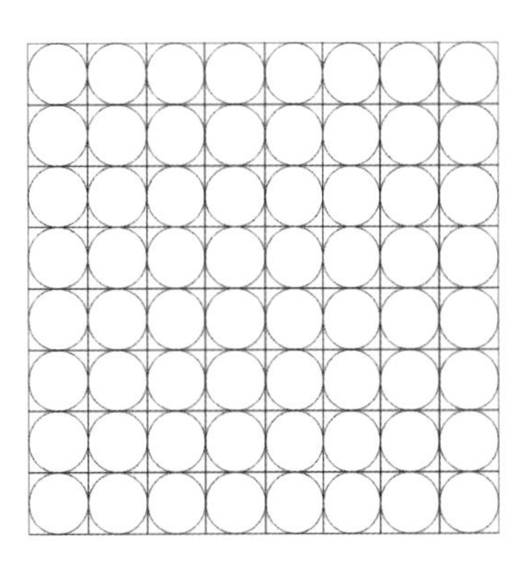

06 选中所有的正方形和圆形，单击对象>转换为曲线（快捷键为Ctrl+Q）。

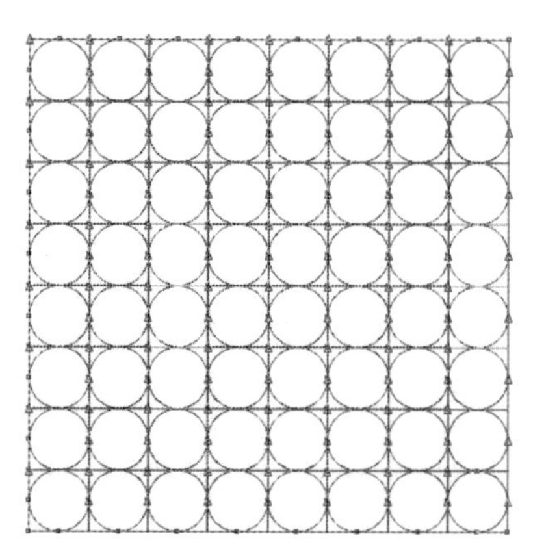

07 单击形状工具（快捷键为F10），选中所有的节点。

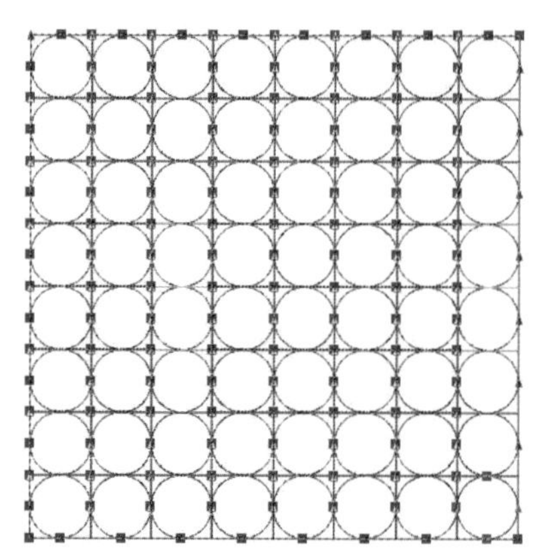

08 在属性栏单击“断开曲线”图标。单击“选择工具”图标>“合并”图标>“拆分”图标，最终将所有的线段和弧线打散。为了便于区分，可将颜色选择为50%黑。

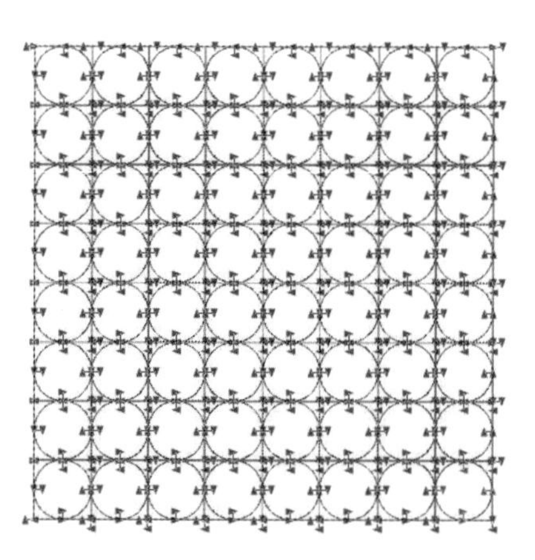

TIPS

当需要对对象重复进行上一步操作时可以按快捷键Ctrl+R。

09 利用网格绘制文字 根据草图所设计的文字形状，以线段a和圆弧AB为单位，在网格图中拼出“城市有礼”4个字。

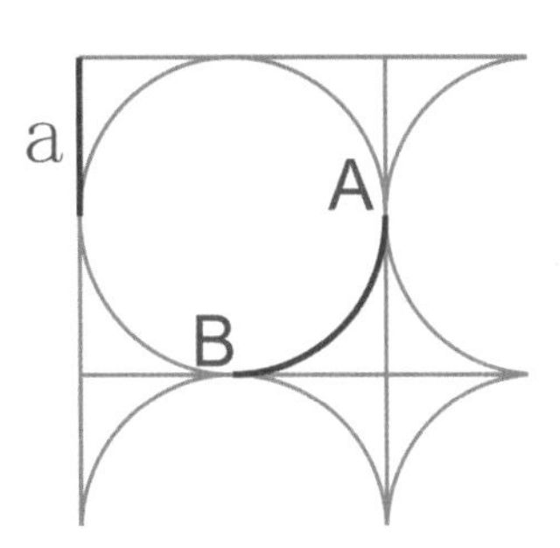

10 选择所拼出的文字，在属性栏中单击“合并”图标，将所有分散的线段和圆弧合成一个整体。在泊物窗中单击“对象属性”按钮，选择“轮廓”，对轮廓宽度和轮廓颜色进行更改，并把轮廓端头改为圆形端头。

11 单击“对象”，选择“将轮廓转换为对象”（快捷键为Ctrl+Shift+Q）。边框也进行上面同样的操作，但边框线的端头为方形端头。

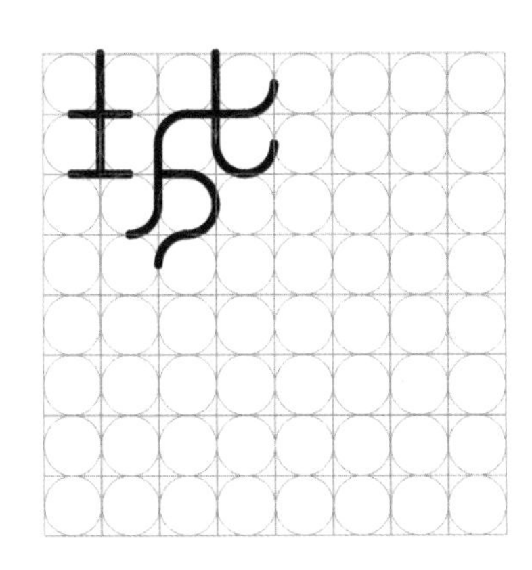

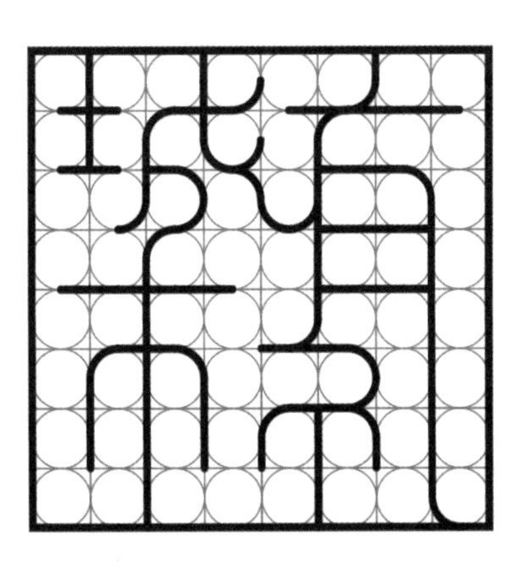

12 设置对象颜色 选中对象，在泊物窗中选择“对象属性”>“填充”>“均匀填充”>“颜色滑块”>“色彩模式”，设置数值填充所需要的颜色。

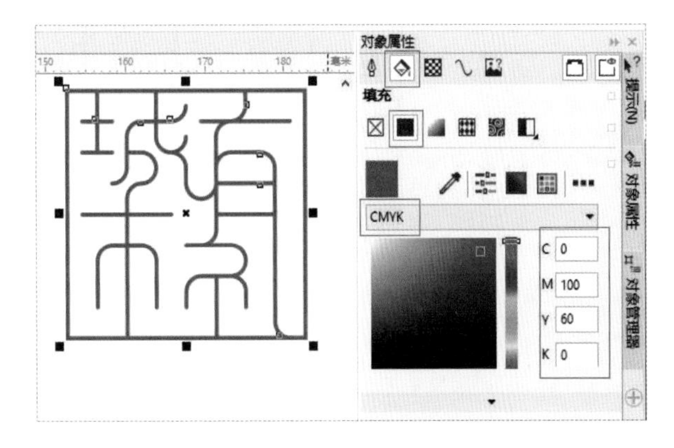

13 文字镂空形态的制作 篆刻印章通常有“阴刻”和“阳刻”两种形式，标识在不同应用场景下也有类似的表现形式。刚刚制作的是线框形态，对应到印章艺术中就是阳刻。文字镂空形态对应的是阴刻。单击“矩形工具”图标□，画一个与对象方框一样大的矩形，在属性栏单击“圆角”图标▢设置圆角半径与之前辅助圆形半径一样，使其与文字的圆角统一。

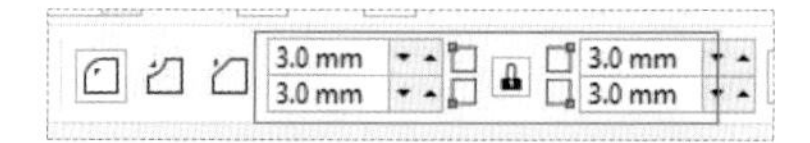

14 然后用“选择工具”选中原来的边框并按Delete键删掉。

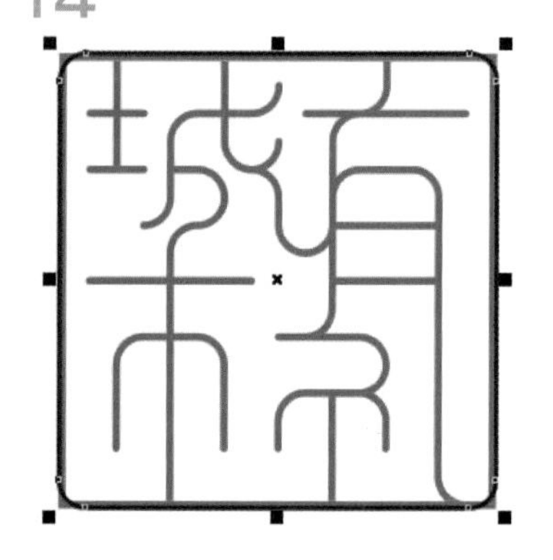

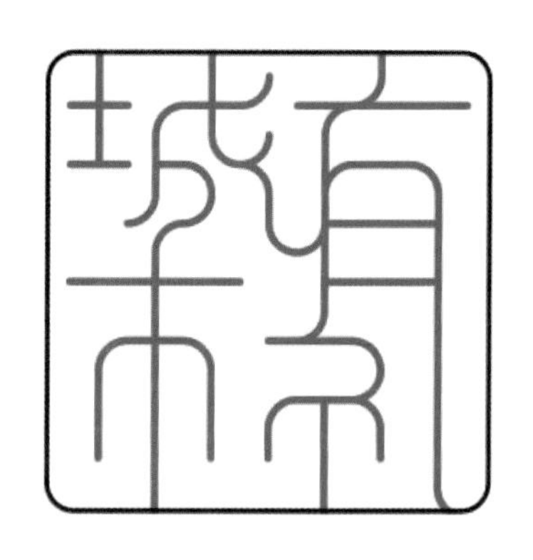

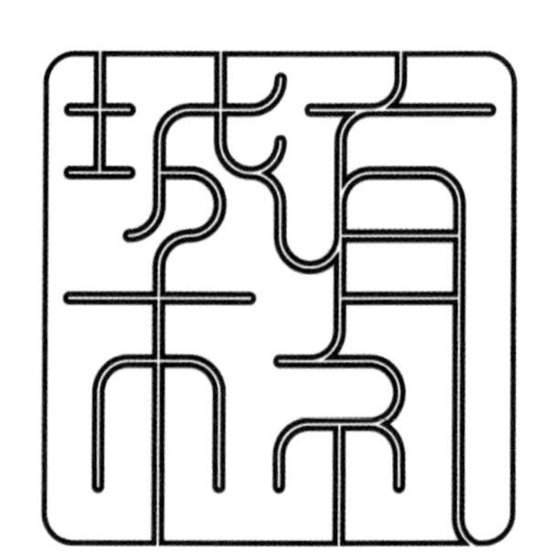

15 用“选择工具”选中全部对象，在属性栏单击“移除后面对象”图标。最后重复步骤“**12.设置对象颜色**”给对象填充颜色，鼠标右键单击调色板中的“无”图标☒使对象没有边框线。

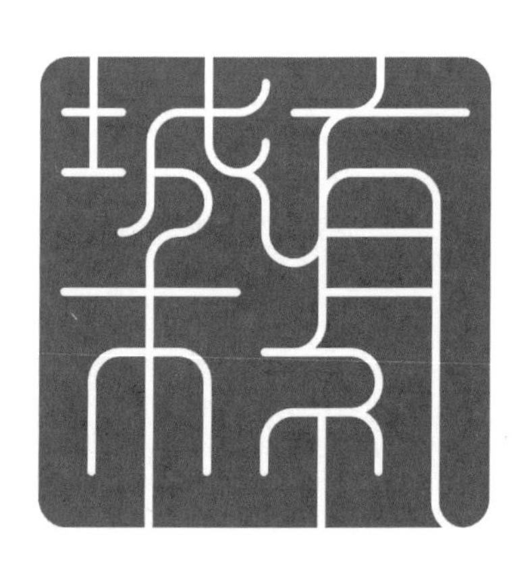

3.2.1　对比分析

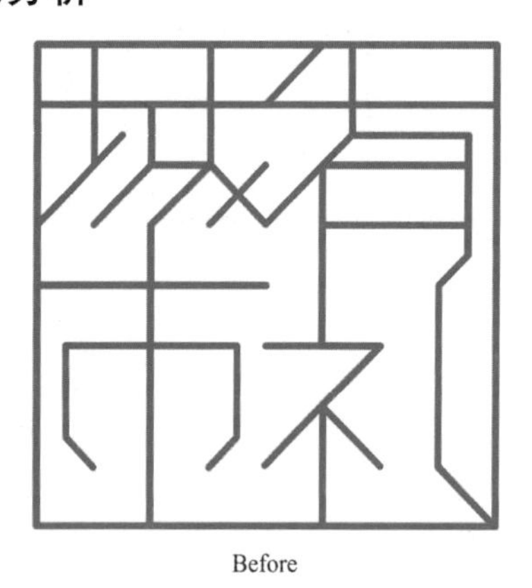
Before

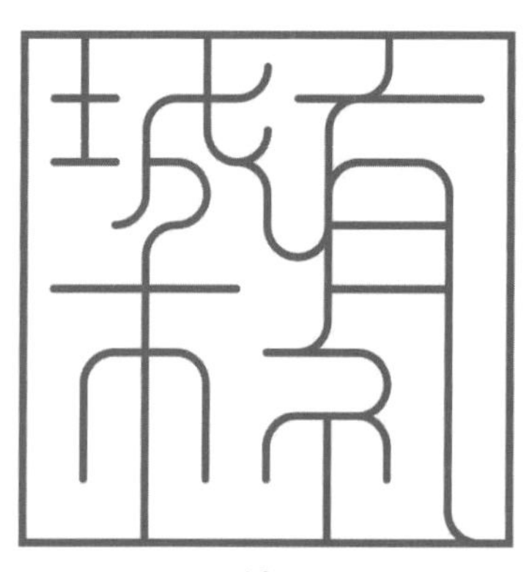
After

- 初稿的字体风格由直线与几何折线构成，整体视觉风格硬朗，具有工业设计感。
- 修正稿的字体由圆弧和直线组合而成，整体视觉流畅，曲线的连体字给人以亲和力。
- 初稿与修正稿都是由基本的几何单位构成的，笔画、字距规范、严谨，也可做反白字体图案。

3.2.2　案例分析与心得

“城市有礼”是一个基于每个城市的地方特产、民间工艺、民族文化和非物质文化遗产等而创立的文创品牌。旨在通过品牌化的设计、包装和推广，将中国各城市的特色文化产品进行有价值的输出与销售。以中国传统印章的篆刻字体作为品牌标志的图形，象征该品牌根植于中国传统文化，传递一份真诚的情谊，所以客户选择了修正后的曲线字体方案，柔和的篆书连体字给人以亲和力，与品牌诉求吻合。

3.3 英文字体设计

设计背景：

该英文字体是为重庆工业职业技术学院 VI 识别系统而创作的专属英文字体。字体的基本结构组件具有工业元素的设计风格，通过组合排列构成 26 个英文字母。

设计关键词：多边形工具、变换

本案例中使用了 CorelDRAW 的“多边形工具”绘制字体构成的基础图案，并通过“变换”将基础图案旋转、复制，最终用最基本的六边形和三角形组合成具有工业风格的 26 个英文字母。

制作英文字体：

01 新建文档 执行“文件>新建”菜单命令创建新文档。

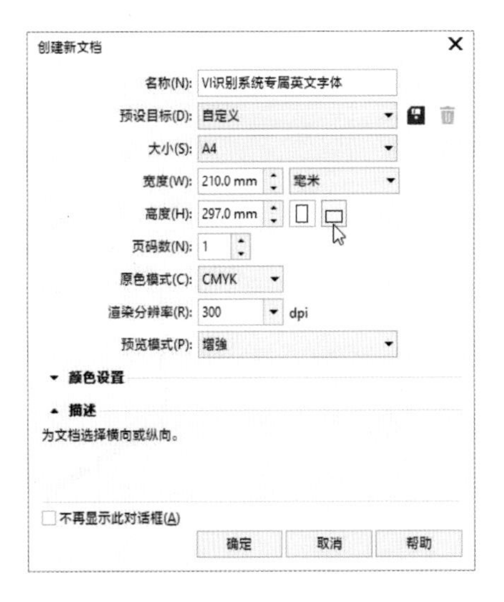

02 绘制字体元素图形 字体是由基本的正六边形和正三角形组合而成的，所以第一步先绘制出字体需要的元素图形。先绘制一个正六边形，左键长按“多边形工具”图标，选择“多边形”。

03 按住Ctrl键绘制一个正多边形。在属性栏设置对象大小、边数和轮廓宽度。

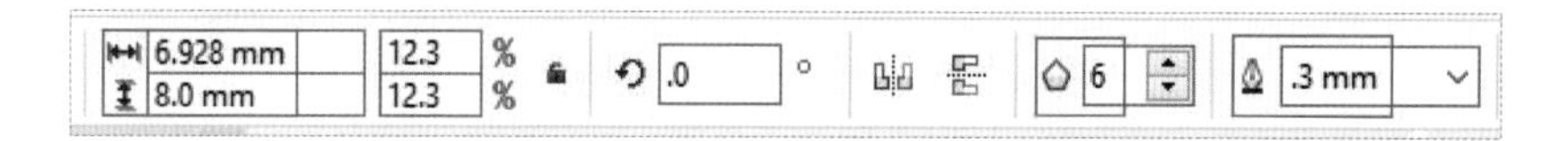

04 以此相同的方法绘制一个正三角形。先在属性栏设置将三角形旋转90°，然后更改对象大小和轮廓宽度。

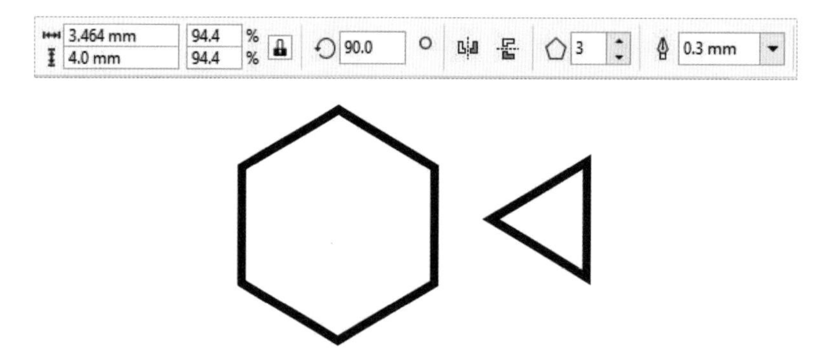

05 拖动复制和组合 为了便于对象的移动和组合，需要在菜单栏执行命令“视图>贴齐>对象”。选中对象，光标放在最上方节点（会有蓝色提示“节点”）。

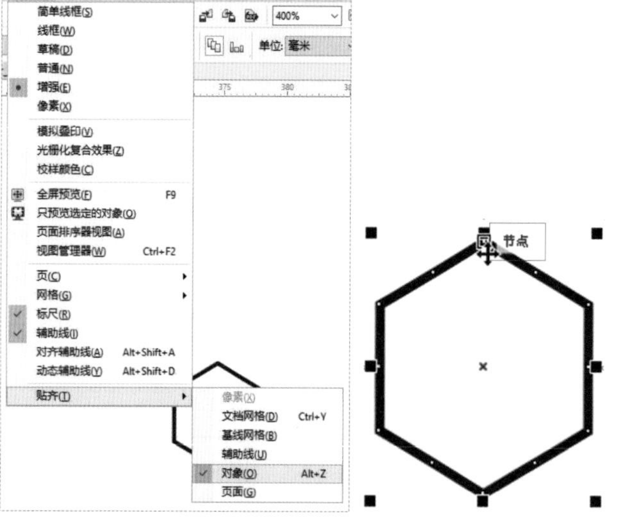

06 按住鼠标左键拖动到对象最下面的节点，当贴齐节点时会有蓝色字符“节点”提示。鼠标左键不松开单击鼠标右键，最后松开左右键即可完成拖动复制。重复操作，直到复制够需要的图形个数。

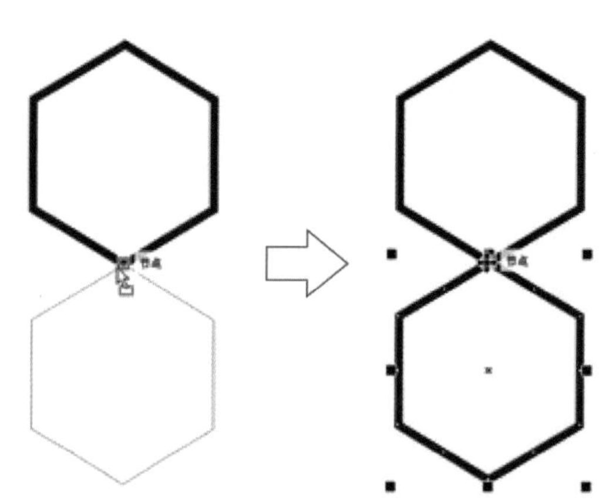

TIPS

当需要进行一些重复的、简单机械的操作时可以按快捷键 Ctrl+R。

07 复制加旋转与变换 在泊坞窗单击图标，并勾选“旋转”复选框。

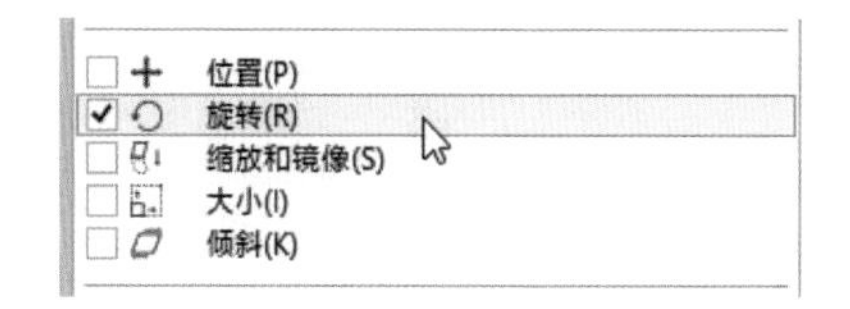

选中三角形，在泊坞窗中设置旋转180°，副本1个，然后单击“应用”按钮。

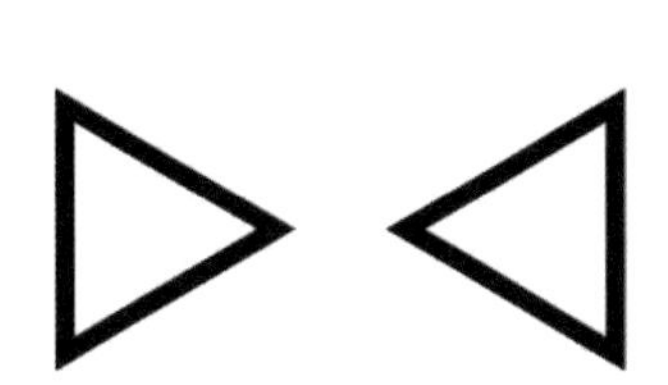

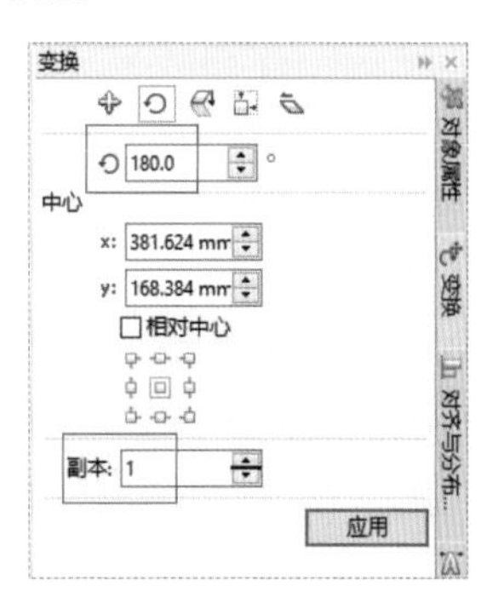

TIPS

复制的快捷操作：鼠标左键选中对象，按Ctrl键，水平拖曳对象的同时，单击鼠标右键即可复制对象。

08 排列组合 综合应用上面两步，结合草图把前面绘制的正六边形与正三角形排列组合成想要的字母，下图为字母“A”的示例。

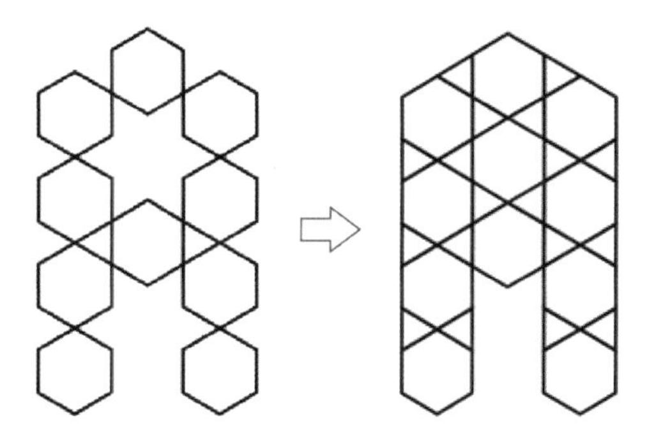

09 填充色彩 选中整个字母“A”，在泊物窗中选择“对象属性”>“填充”>“均匀填充”>“颜色滑块”>“色彩模式”，设置数值填充所需要的颜色。为间隔区分每个基本图形，在调色板中用鼠标右键单击白色。

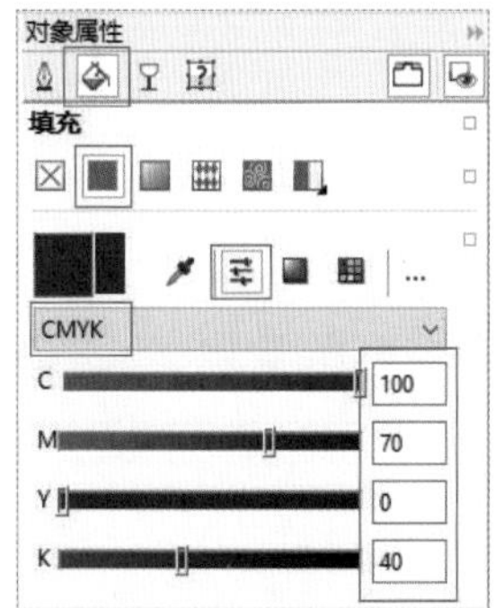

TIPS

在使用常用色彩时可以直接选中对象，然后在调色板中直接左键单击便可填充。右键单击即为选择轮廓色彩。

10 移除白色边框 选中整个字母“A”，执行菜单命令“对象”>“将轮廓转换为对象”（快捷键：Ctrl+Shift+Q），使白色轮廓与蓝色图形分离并以对象的属性存在，然后单击“状态栏”的“组合对象”图标（快捷键：Ctrl+G），将转换为对象的轮廓组合，也就是将所有白色边框组合在一起。

11 先选中所有蓝色图形部分并按快捷键Ctrl+G将其组合，然后选中所有对象，在属性栏单击“移除前面对象”图标。

TIPS

此步骤是用白色边框去裁剪蓝色图案，使之前白色边框的位置镂空。但前提是需要让白色边框从轮廓的属性转换为对象属性。

12 整体效果 通过以上字母“A”的详细步骤的讲解，不难推导出剩下的25个英文字母。

3.3.1 对比分析

Before

After

- 初稿的字形结构与修正稿的字体外形一致，但缺乏细节，整体视觉效果不透气。
- 修正稿的字体由六角形的工业元素作为基本单位构成，体现该校的学科背景。
- 修正稿保留了六角形的外框，整体视觉效果具有构成感，透气。
- 修正稿是以模块化的组件构成的，可以组合与变化，有利于在后期的VI应用中灵活使用。

3.3.2 案例分析与心得

该英文字体是为重庆工业职业技术学院的VIS系统创作的，26个字母都以六角形的工业元素作为基本单位组合构成，整体字形现代，又体现该校特有的专业属性，且在后期VI应用时，可以图案或字体的形式延展应用，如导视系统、办公用品和广告形象等。以此类几何结构构成字体的方法，在现代字体设计中的应用很广泛。需要注意的是，作为基本单位的元素应与所设计字体的内涵和诉求吻合。

3.4 课后练习

3.4.1 中文字体设计

在中国的传统文化里，有“合体字”这样的字形存在，在字典里是没有的。“合体字”是由两个或两个以上的单个字组成的汉字。“合体字”的意义与原来的词语、词组完全相同，而不会使人产生歧义。常见的这种合体字有招财进宝、黄金万两、日日有见财、福禄寿全、好学孔孟、唯吾知足等。本节以“合体字”作为汉字的字体练习，字体内容可以自由选择，但字体的表现形式应与合体字本身的含义和寓意一致，且富有设计感。

3.4.2 英文字体设计

学习了有关英文字体设计的内容，并通过字母A为示例的制作练习，你是否已经掌握了有关英文字体设计的方法和技巧呢？本节将以未演示操作的25个字母为练习，巩固在英文字体设计中的常用技巧和方法，并检验读者对英文字体设计方法的灵活运用。

MEENI
3D DESIGN
CENTER

第 04 章

CorelDRAW之标志设计

标志设计是品牌形象设计的核心内容，是表明特定的事或物的视觉识别符号，是形、音、意三位一体的构成。标志不仅仅是表示一家企业或一个品牌，它本身会因为公司、产品或服务的价值而产生相应的附加值，并且可以通过广告宣传或凭借自身声誉来发展品牌，更好地提升品牌服务或产品的价值，获取更高的利润。本章将向读者介绍标志设计的相关知识，并通过实际案例的制作使读者能够由浅入深地掌握标志设计制作的方法和表现技巧。

4.1 标志设计知识

标志的英文单词为 Logo。它是品牌视觉传达系统的核心和基础，是整个品牌视觉形象的灵魂，是品牌的精神文化、信誉、行业特点的视觉化表现。优秀的标志对推广品牌文化，推动企业精神，增强企业竞争力和凝聚力，促进企业发展有着积极的作用。

4.1.1 标志设计形式

标志的表现形式多种多样，依据不同的思路，设计有多种可能。为了方便学习，我们将标志进行分类总结，分为文字类标志、图形类标志和综合类标志。

文字类标志

文字基础上结合图形、符号或其他文字等元素进行再创造，既可以保留原有文字的概念特征，又增加新的内涵，并且因为新含义的融入使得原本文字改头换面，成为新的视觉形象。

汉字主题_英国曼切斯特亚洲三年展主题标志 / 设计师_刘第秋 / 连体字笔画共用，结合中国传统印章的表现形式传达出该展览的带有政治隐喻的主旨。

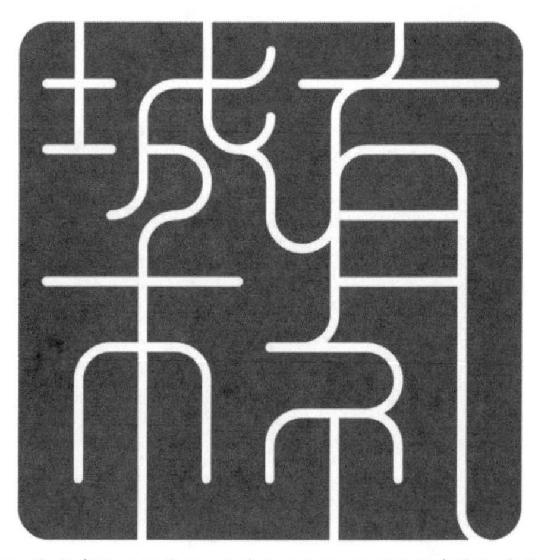

汉字主题_城市有礼 / 设计师_刘第秋 / 标识的“城市有礼”字形运用几何曲线进行笔画共用设计，结构简练，易于识别，具有篆刻印章之美。标志整体形态以线构成，是从标准的方形和圆形模块中提取而来的，兼具现代的视觉构成之美。

字母主题_米高电梯 / 设计师 刘第秋 / “M”为米高电梯首写字母，斜切的图形构成一只展翅高飞的鸟，鸟的下面是摩天楼，给人以许多解读的可能性。

字母主题_中科星 / 设计师 刘第秋 / 主图形以首写字母“S”构成，并以芯片的路径和节点构成星象的图形同构，营造出一种既有东方美又富于科技感的图像。

数字主题_交大校庆 / 设计师 刘第秋 / 主体图形由数字60构成，通过图形共用构成一条流畅的公路，体现交大的核心学科属性和60年办学历程。

数字主题_三剑客 / 设计师 刘第秋 / 主体图形由数字3和武士剑同构而成，体现三位初创者创立企业的决心和魄力。

图形类标志

图形类是指文字以外的各种视觉形象符号，包括抽象和具象两种表现方式。单纯的图形标志通常运用抽象的几何造型或具象的物像形态去表现独特的视觉符号。

抽象主题_悦介文化 / 设计师 刘第秋 / 标志图形以流畅的线组成两个连写的花线体，“f”是悦介文化的英文首写字母，也体现企业的融会贯通、跨界协作的文化内涵。

抽象主题_婚庆纪念标志 / 设计师 刘第秋 / 主题图案看似藏文，其实是字母“L”和“W”的变体，分别代表两位新人在西藏的经历和生活，祝贺他们喜结连理。

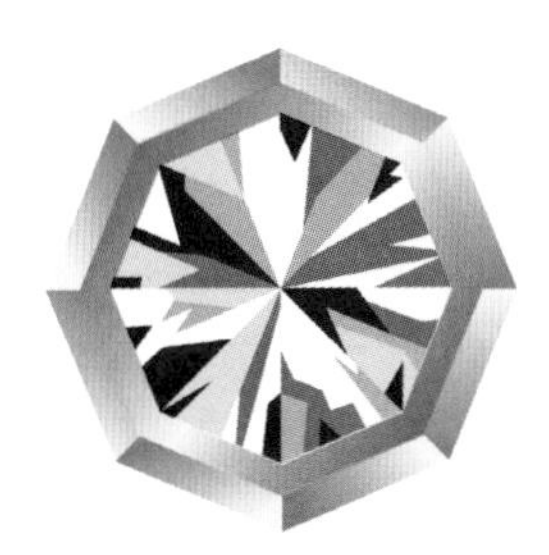

具象主题_永丽珠宝 / 设计师 刘第秋 / 标志由具象的钻石和金色外框组成，非常直接地体现了珠宝行业的属性。

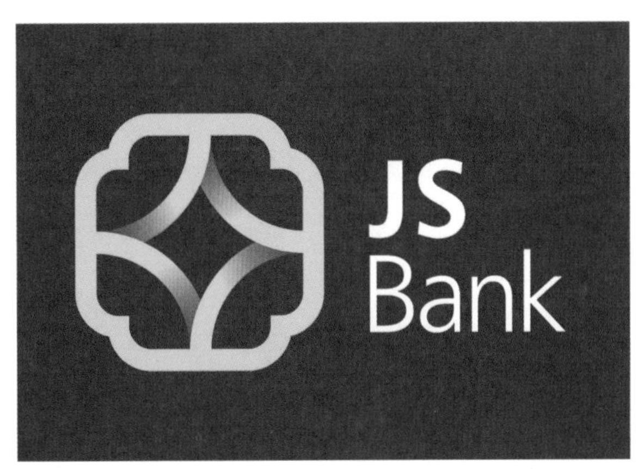

具象主题_江苏银行标志方案 / 设计师 刘第秋 / 视觉原型取材于江南园林的窗格，并构成4个方孔钱，体现区域文化和金融行业特征。

综合类标志

综合类标志是指文字和图形相互混合表现的综合标志。字、图的结合避免了单一的表现，使标志的形态丰富、意念清晰，更具有可读性，能加深记忆。

主题_弗里达花园 / 设计师 刘第秋 / 视觉原型来源于墨西哥艺术家弗里达的形象，通过头顶的鲜花体现花艺行业属性，连体的眉毛像一只飞翔的鸟，高领的衣饰用品牌字体呈现，整体图形大面积留白，给人以想象的空间。

主题_荔波县城市形象 / 设计师 刘第秋 / 蝴蝶纹样的视觉原型来源于荔波地图外轮廓，恰似一只起舞的蝴蝶，欢迎来自五湖四海的朋友。蝴蝶的几何构成形式恰似五彩的中国结，象征着团结幸福，代表着每个荔波人对未来的美好憧憬。五彩的刺绣图案分别代表布、水、苗、瑶4个世居少数民族和文化记忆，并由蓝色的荔波拼音和中间的菱形绿宝石形成图形同构，具有很强的民族性和地域文化专属特征，又富有时代美感和国际化形象。

4.1.2 标志设计要求

标志设计没有最好的，只有最适合的，一枚优秀的标志可以传达出清晰的视觉特征，准确生动地传递信息主旨，并在公开发布后具有广泛的理解度和接受度。设计师必须从制作者、委托者和使用者三方的角度去构思，这样才能得到社会大众的认可。为了能最大化地体现标志设计的价值，标志需要具备以下几个要点。

表意准确清晰：标志的形态和意义应和谐统一，必须清晰准确地表达对象的内在含义。

内涵丰富深刻：在保证视觉信息准确传达的前提下，标志设计应尽力挖掘更多的意义和内涵，营造一形多意的效果，使简洁的视觉符号蕴含丰富深刻的内涵。

造型独特新颖：标志存在的根本目的是为了辨识，以便有效地和其他同行业标志区分开来，原创的、独一无二的标志才能更大限度地引起观众的注意，令人印象深刻，易记忆。

形象简练雅致：标志的形象越是单纯明快，就越是醒目突出，便于记忆。同时，雅致的标志符合时代的审美和品位。简练的标志还便于标志的应用，比如名片、徽章和灯箱铭牌等。

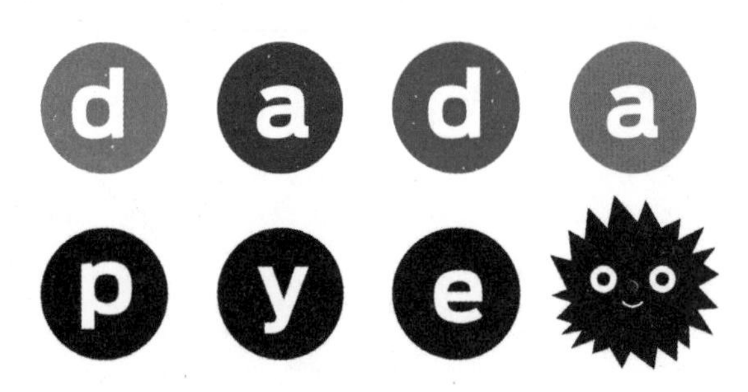

主题_Dadapye童装 / 设计师 刘第秋 / 童装品牌的两位创立者的英文名“Dada”和“Pye”组合在一起，谐音“达达派”是一种艺术流派，寓意在童装领域的一次艺术创新与突破，同时也易读、易记。

主题_隐一设计 / 设计师 刘第秋 / 通过简练的笔画构成具有禅意的图形，整个标志具有现代东方美。

4.1.3　标志设计流程及方法

标志看似一枚简单的图形，实则是经过设计者一系列严谨的设计过程提炼而得，绝非一蹴而就。如何将最初的概念视觉外化为一枚持久的视觉标识，对设计者而言，是必须掌握的。

调研分析：设计师接受了客户的委托后，即开始全面而深入的调查，收集与该设计案相关的各种信息，如企业的经营理念、行业属性、产品特征、发展历程和竞争情况等，包括同行业企业的标志情况，并将所有信息归纳整理，进行比较与分析。

设计定位：通过前期的调研和分析，充分了解、掌握对象的信息内容，为设计做一个精准的定位，这是塑造一个优秀标志的先决条件。标志的使用环境、性质和目的不同，标志的形态就大不相同。不同行业属性决定了标志形式的视觉方向。比如，文化类标志注重精神内涵；企业类标志强调企业理念和远景；政府机构标志则体现职能属性，设计风格庄重大方。

方案拓展：在确定了设计定位的方向上，充分发挥想象，将所有相关的信息的图形、汉字和字母罗列出来，在把握主次的前提下，将这些元素结合联系起来，进行各种尝试。通过快速的手绘草案来表现，将各种想法视觉外化为图形。

修正完善：在各种草案中，筛选出最有表现力、代表性的3～5个方案，进行修正和完善，并通过CorelDRAW进行规范化设计。这一阶段，注重标志图形的细节变化，如线的粗细高低，转折和流畅度都要恰到好处，方寸之间于标志而言都会有很大的不同，这需要设计者不断地严格要求自己，并提升自己的审美素养。

4.2 制作品牌标志

设计背景：

荔波，地处黔南边陲，山川秀丽，气候宜人，物产丰富，作为世界自然遗产地，拥有原生态风物、喀斯特地貌、非物质文化遗产和丰富的民族艺术等核心价值。“荔物”正是基于其自然生态和人文风俗两方面的专属特性而创立的全新旅游文创品牌。

设计关键词：手绘工具、椭圆形工具、形状工具

本案例中使用了CorelDRAW的“手绘工具”和“椭圆形工具”绘制路径图形，并通过“形状工具”对路径进行曲度的调整，最终描绘出一个流畅、耐看的路径图形，结合专属的中英文字体组合，构成标志。

制作标志图形

01 新建文档 执行“文件>新建”菜单命令创建新文档。

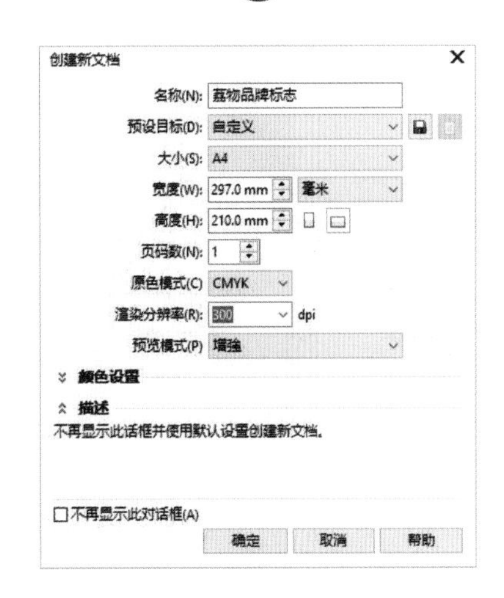

02 绘制路径图形 使用“椭圆形工具”绘制“荔”字的上部结构，单击属性栏的“弧”图标，绘制出椭圆半弧，双击状态栏的“轮廓笔”图标，设定弧线宽度为4mm，线条端头为圆角。再按住Ctrl键，选择“手绘工具”绘制竖线（宽度为4mm，线条端头为圆角）。选择这两个对象，按快捷键C将它们居中对齐。

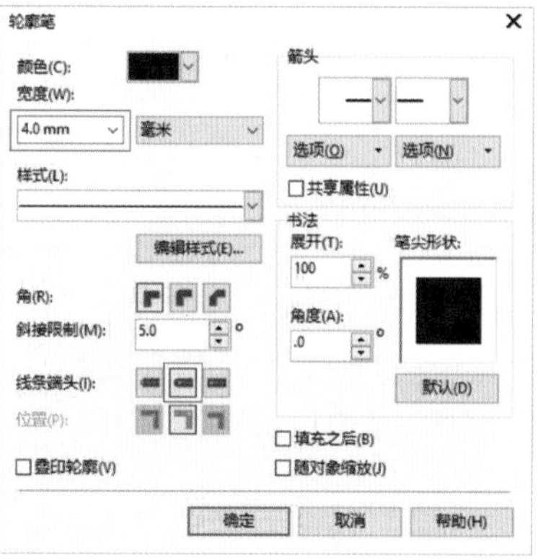

03 复制对象 选中对象，执行“编辑>复制”菜单命令，或者按快捷键Ctrl+C将对象复制在剪切板上，然后执行“编辑>粘贴”菜单命令，或按快捷键Ctrl+V进行原位置粘贴。

TIPS

复制的快捷操作：鼠标左键选中对象，按Ctrl键，水平拖动对象的同时，按右键即可复制对象。

04 绘制不规则路径 使用手绘工具绘制“荔”字的下部结构（宽度为4mm，线条端头为圆角），并通过“形状工具”对路径进行曲度的调整。

05 绘制圆形线框 按住Ctrl键，使用“椭圆形工具”绘制圆形线框（宽度为4mm），复制两个圆形线框，并将3个对象连起来。

06 绘制圆形印章 按住Ctrl键，使用“椭圆形工具”绘制圆形线框（宽度为1.5mm）。

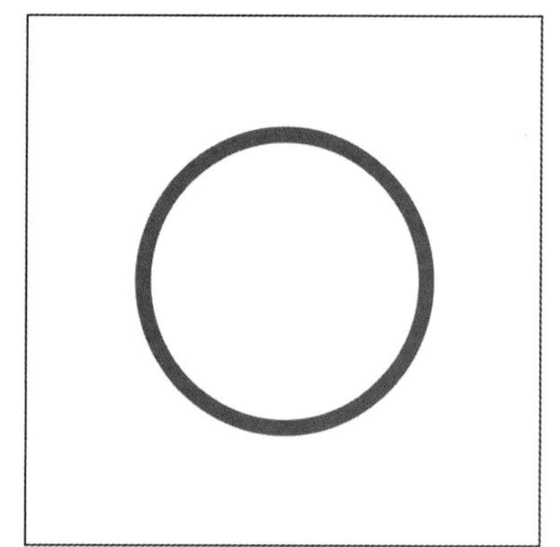

07 绘制印章汉字 按住Ctrl键，使用手绘工具绘制印章“荔”字的上部结构（宽度为1.5mm）。

08 绘制印章汉字 使用手绘工具绘制印章“荔”字的下部结构（宽度为1.5mm），并通过“形状工具”对路径进行曲度的调整。

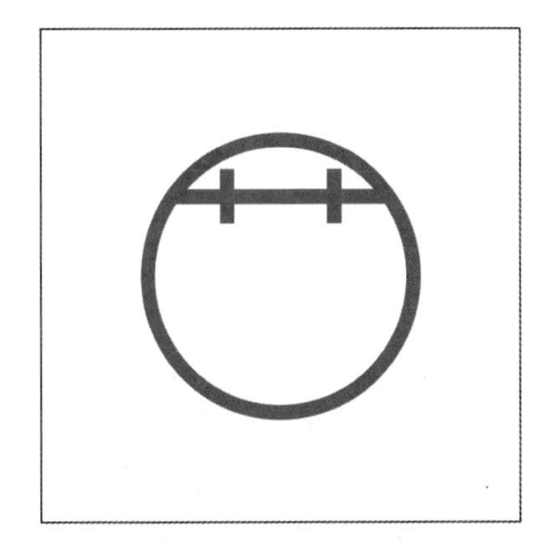

09 绘制反白印章 执行菜单命令“对象>将轮廓转换为对象”（快捷键为Ctrl+Shift+Q），然后单击“状态栏”的“合并”图标，对象由线框稿转为闭合的图形。我们执行“视图>简单线框视图”菜单命令，能比较直观地看出转换前后的差别。

TIPS

设计好的标志和图形，如果是线框稿，务必要将其转为闭合的图形（执行菜单命令“对象>将轮廓转换为对象”，快捷键为Ctrl+Shift+Q），否则标志在放大或缩小时会变形。

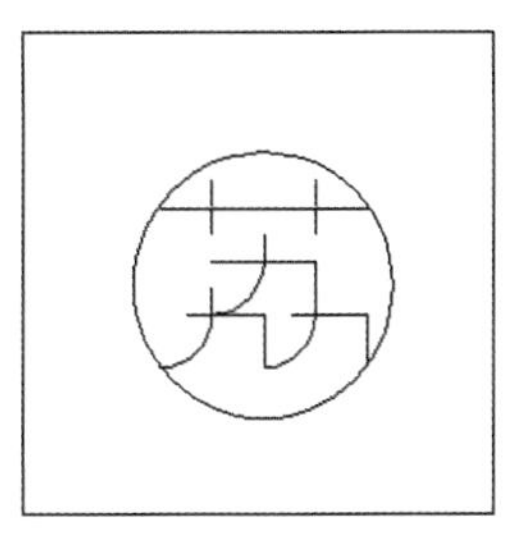

10 绘制反白印章 选择印章对象，单击属性栏中的“拆分”图标（快捷键为Ctrl+K），去掉圆形图，即完成印章的绘制。

TIPS

红色印章作为标志的一部分，色块所占比例不多。为了平衡上下结构关系，其作为细节点缀应醒目，所以将之前的线框稿转为反白的印章。

11 选择匹配的英文字体 使用“文字工具”，执行菜单命令“文本>文本属性”，打开“文本属性”对话框，设置字体和大小，然后在画布上输入相应文字。

LIBO GIFT

12 组合规范 将标志图形和英文字体组合，依据具体规格和要求来进行排列。横排、竖排、大小和方向不同的组合方式。

13 标志正形与标志负形 标志正负形表现形式是检测在无色情况下呈现的形态，以此对比标志的结构、面积和比例关系。

标志正形

标志负形

标志的色彩要素

荔物的品牌标志由主体黑色和细节的印章红色进行组合，黑色的象形文字和中英文标准字体，体现厚重、原生和质朴的视觉意象。红色的印章起到点缀和识别的作用，是古朴东方文化的现代视觉表现。反白的“荔”字易于识别且可用于辅助图形延展，整个标志的色彩组合与地方民族旅游文创品牌的气质吻合。标准色是象征品牌精神及品牌文化的重要因素，通过视觉传达产生印象，达到色彩在视觉识别中的作用，所以特选定以下两种色值作为品牌的标准色。值得注意的是，压印过程、选纸、网线及UV过油等因素都会影响颜色的准确性，需要依据实际情况进行测试和调整。

荔物黑

C:20 M:20 Y:20 K:100

R:35 G:24 B:21

PANTON Black

荔物红

C:20 M:100 Y:80 K:0

R:200 G:24 B:45

PANTON 193C

TIPS

黑色文字和色块不能使用CMYK四色100来填色，这样容易造成过底、沾花。四色色值相加，最好不超过250。另外，K设置为100时印刷会不够黑，可以在其他色值中添加20~30的颜色来表现。

标志预留空间

品牌标志周边必须保持一个最小尺寸的空白空间，该空间称为安全空间，即标志不可侵范围，该区域内不得出现任何文字、符号和其他元素。

4.2.1 对比分析

制作标志的过程是一个逐步推敲、修正完善的过程，并非凭空想象、一步到位的，它需要经过一系列严谨的设计和规范才能完成。

Before　　After

- 初稿的“荔”字的上部结构显得松散不稳定。
- 初稿的“荔”字的下部结构不够聚合，笔画之间缺乏联系，比较松散。
- “物”字虽在字形上和“荔”字统一，但整体组合不太像标志的组合关系，只是字体设计。
- 修正后的标志省去了“物”字，“荔”字作为标志主图形呈现，上部结构通过加粗线条，显得稳定和厚重。
- 修正后的“荔”字的下部结构是将3个组件联系在一起，稳定聚合。
- 红色印章“荔”字是对主图形的视觉补充，也起到画龙点睛的作用。
- 荔物中文字体可依据合适的字体进行笔画细节的调整，以配合标志在不同媒体发布时使用。

4.2.2 案例分析与心得

“荔物”是基于贵州荔波的地方风物和景区特点而创立的品牌，“荔物”是“礼物”的谐音，传递一份来自荔波的情愫。标志图形的灵感来源于文字的象形，好似人们在林间劳作的形态。“荔”字图形借鉴荔波水族的水书文字型态，体现在地文化的专属性，通过红色“荔”字印章和中文标准字形的搭配构成。整体视觉形象质朴、原生，又体现了国际化的审美精神，旨在塑造一个创新的旅游文创品牌形象。

首先，在标志设计过程中，对“荔”字形态的设计是一个循序渐进的过程，既要保持作为标志图形的独特性，又要有可读性、可识别性，还要能体现在地文化的特点，所以对图形大小、比例、线条粗细的修正非常重要。这一点对于初学者而言，往往是容易忽略的。其次，在设计过程中也要考虑标志是否可以有多种组合使用的情况，有利于以后媒体应用推广的多样性。

次要标志与中英文广告语组合

组合方式荔物黑底效果

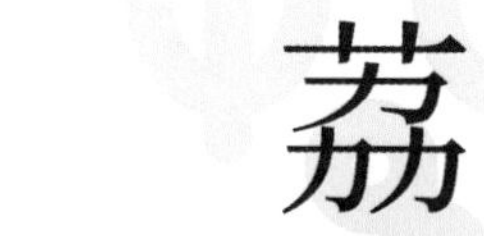

次要标志与英文广告语组合

组合方式荔物黑底效果

次要标志在白底应用

次要标志在荔物黑底应用

次要标志在荔物红底应用

次要标志荔物蓝底应用

4.3 制作企业标志

设计背景：

“珠海米立 3D 工业设计中心”是一家提供品牌策划、设计服务、旅游景区规划、旅游产品设计、生产和销售的创新型设计公司，旨在通过设计的力量助推沿海制造业转型，提升品牌、产品设计附加值。

设计关键词：椭圆形工具、交互式填充工具、变形工具

本案例中使用了 CorelDRAW 的和“矩形工具”和“圆角工具”绘制路径图形，并通过“形状工具”对路径进行曲度的调整，使用“交互式填充工具”填充颜色，最终描绘出图像化的“米立”的图形，结合专属的中英文字体组合，构成标志。

制作标志图形

01 新建文档 执行“文件>新建”菜单命令创建新文档。

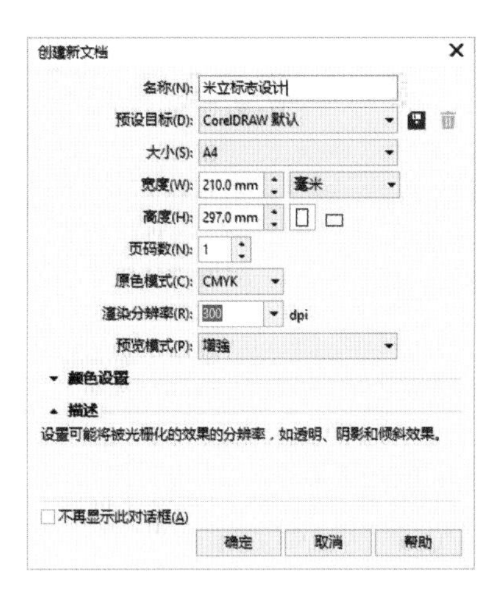

02 绘制矩形工具 使用“矩形工具”□绘制一个矩形，再复制同等大小的矩形，并旋转90度，然后按快捷键C将它们居中对齐。

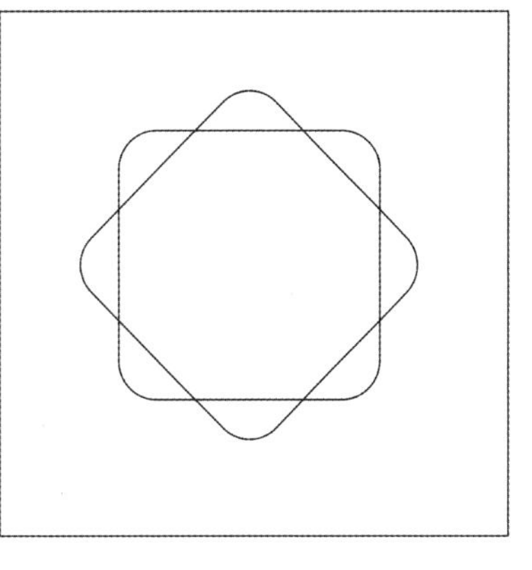

03 合并图形 选择两个矩形，使用“合并”工具 ，将两个矩形合并成“米”字的初形。

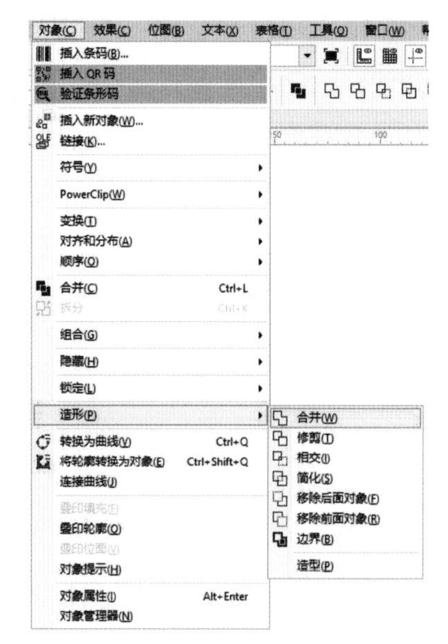

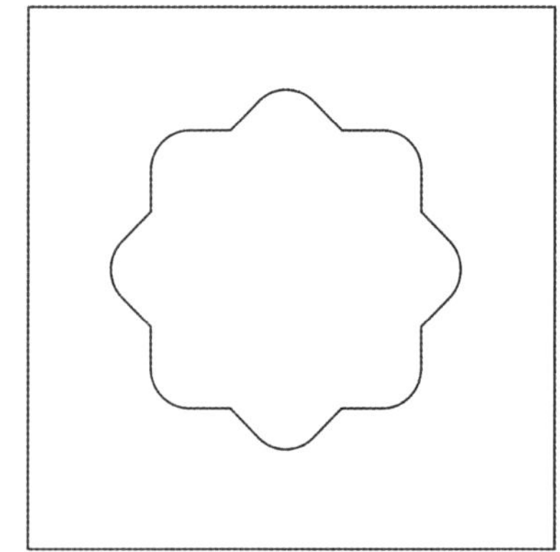

04 路径曲度调整 为了使主图形的视觉语言统一，使用“形状”工具 ，全选图形的所有节点，按 图标将线段转换为曲线，并删除不是曲线的8个节点，使整体“米”字图形圆滑、统一。

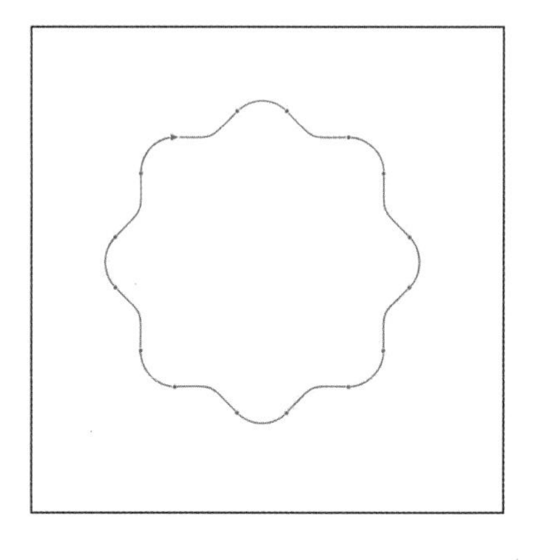

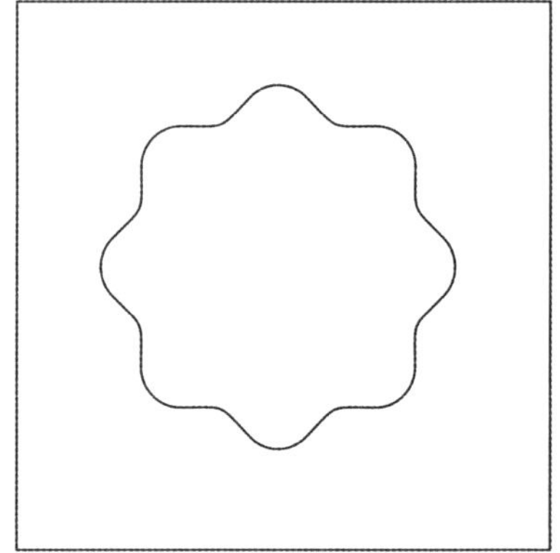

使用 CorelDRAW 的形状工具，选中节点后，双击鼠标即可实现增加节点或减少节点的操作，在绘制各种图形时，应用非常普遍。

05 图形圆角 按住Ctrl键，使用“多边形工具” 绘制出等边三角形，打开泊坞窗的“圆角/扇形角/倒棱角”对话框，选中“圆角”，并设定圆角半径为2.0mm，即可绘制出圆角化的图形，并居中纵向复制一个。

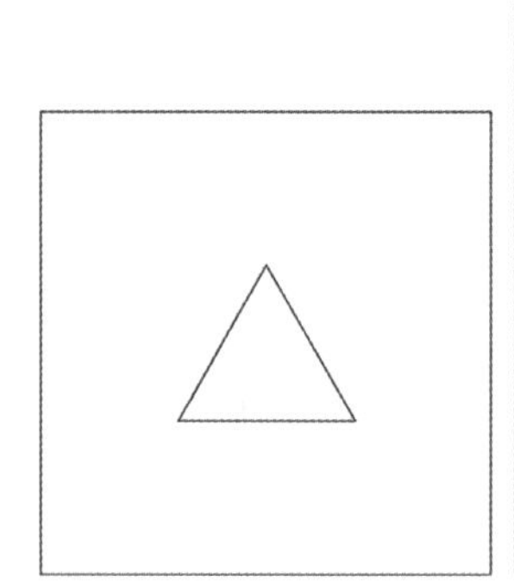

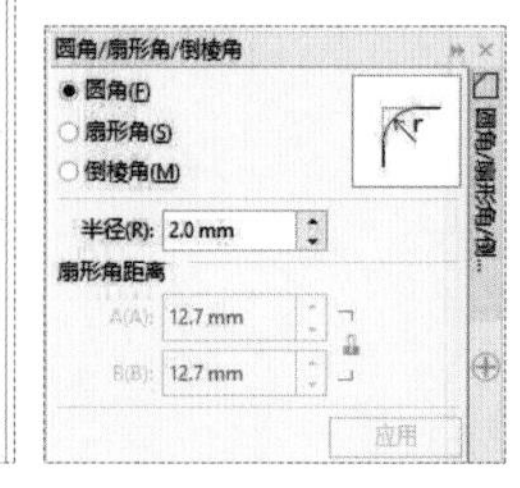

06 合并与路径曲度调整 依据绘制“米”字图形的方法绘制“立”字图形。首先，将已经圆角化的两个图形合并，然后双击节点，删除下面多余的一个圆角，并将该图形的各线段转换为曲线，构成“立”字图形的外轮廓。

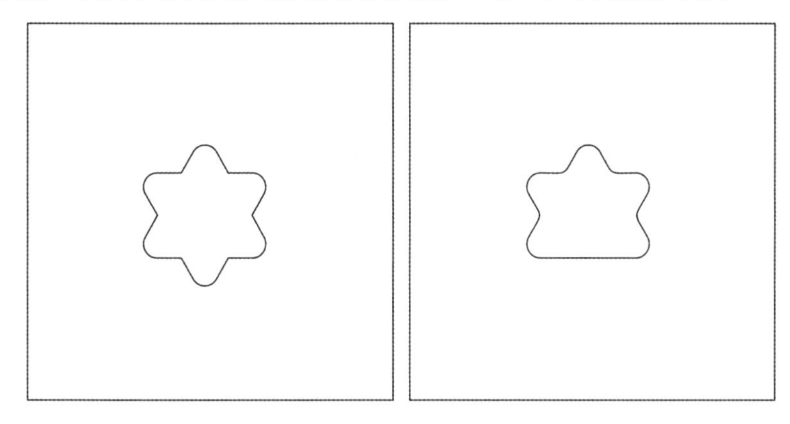

07 依据以上方法，再画出一个圆角化的倒三角图形，与上面的图形构成“立”字图形。

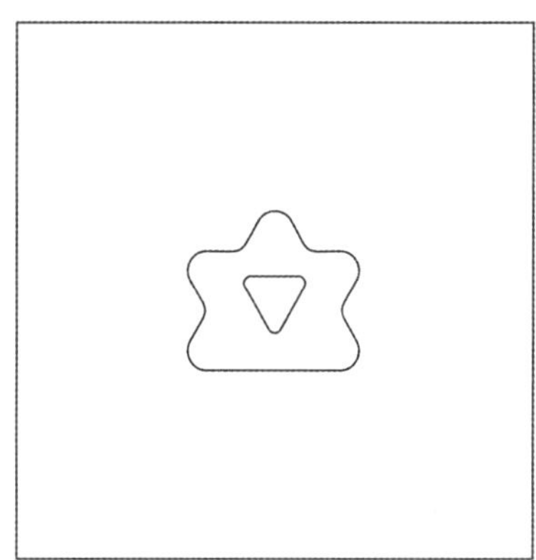

08 交互式工具 使用“交互式工具”给对象填充渐变色，由于“米立3D工业设计中心”是一家科技型的设计制造型企业，因此所有配色上选用了具有不锈钢质感的渐变色，以体现行业属性。

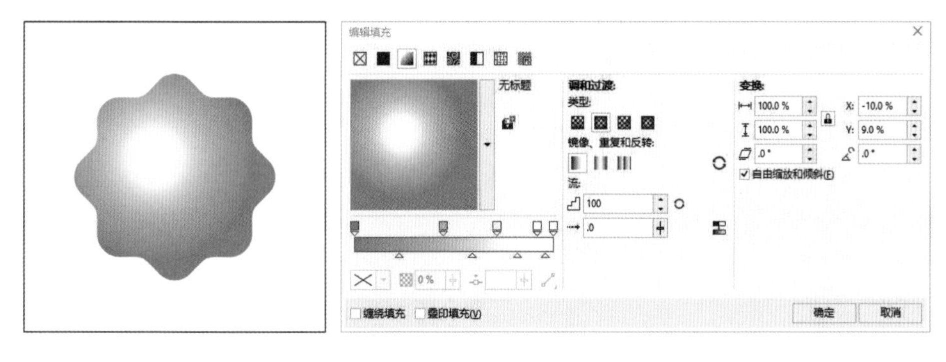

09 运用同样的方法对“立”字图形进行颜色填充，选用绿色渐变色来表现科技行业关注生态和可持续发展的理念。

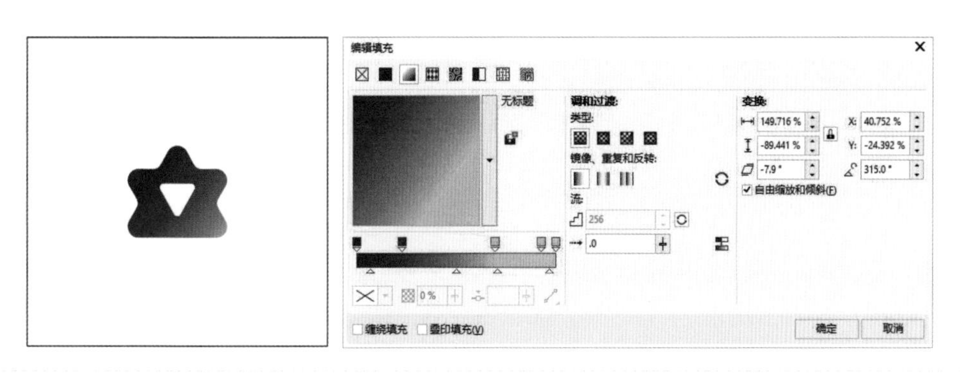

10 将“米”字图形与“立”字图形居中组合构成“米立”的主标志图形。

TIPS

绘制完“米”字和“立”字图形后，为了使标志更加具有立体效果，可做高光部分的细节添加，右图中“立”字的细节是采用了复制“立”后，将二者相交的部分填充白色来体现高光的。

11 选择匹配的英文字体 使用“文字”工具，执行菜单命令“文本>文本属性”，打开“文本属性”对话框，设置字体和大小，然后在画布上输入相应文字。

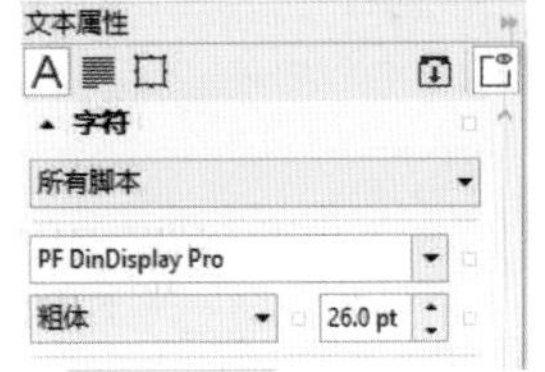

MEENI
3D DESIGN
CENTER

组合规范

将标志图形和英文字体组合，依据具体规格和要求来排列。具体的要求和规范示例我们将在第 9 章进行详细的讲解。

4.3.1 对比分析

经过两次提案和与客户多次的沟通，最终采用了该立体效果的标志。该标志的整体视觉效果兼具科技感和行业属性，易于记忆和传播，是一枚富有原创性和国际化形象的标志。

Before

After

- 初稿的标志由“米立”公司的字体构成，整体视觉具有空间的效果，但与 3D 工业设计的行业属性不贴切，像是一个从事空间设计的机构。
- 修正后的标志很好地将“米”字与“立”字进行了图形与字体的共用，流线型的设计使得标志富有科技感，跳动的绿色内核让标志充满活力。在后期制作标志灯箱时，可制作成变换颜色明度的企业标志灯箱。

4.3.2 案例分析与心得

“珠海米立 3D 工业设计中心”的企业标志从提案、修改到方案通过，工作耗时近 20 天。最终呈现出的标志应该是设计师与客户不断沟通和对设计严苛要求的结果。在创作期间，有设计师自己的创意方向，与此同时，又有客户对整个企业视觉形象的理解和期望，这往往会使得设计的方案很难两全。然而，这就需要考验设计师的综合素质，如何准确地表达自己的创意，如何准确地理解客户的需求，如何在有限的时间里完成最佳的解决方案。这个设计案例最终能让客户认同的关键在于通过简洁原创的图形准确地表达了行业的属性，而这种共识来源于客户提供的一系列参考标志的表现形式。可见，准确地理解客户需求，进行精准的设计，才能获得方案的成功。

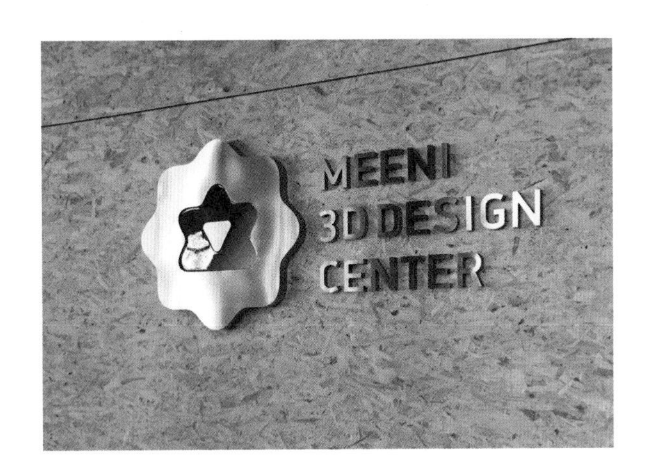

4.4 课后练习

通过以上标志设计案例的剖析与讲解，大家应该对标志设计的步骤和要求有了大体的了解，对如何进行严谨的商业标志设计有了认知。下面，我们通过完成如下标志设计来训练自己对软件的操作能力、计算机表现能力和创意视觉外化的能力。

4.4.1　设计企业标志

“丝路云通”是一个跨境电商品牌，旨在通过互联网的途径将国际产品的销售网络串联起来，形成一个国际化、数据化和便利化的物流通路。

SINO LINK

丝　路　云　通

4.4.2　设计活动标志

重庆交通大学建校“60 周年校庆”活动标志，是 2011 年校庆之际，专门为该校设计的视觉主题形象，整个标志通过“60”与“公路”图形的几何化共用，形成独特的视觉符号。

重庆交通大学 1951-2011

六十周年校庆

60th ANNIVERSARY OF

CHONGQING JIAOTONG UNIVERSITY

Hipearl

第05章 CorelDRAW之吉祥物设计

吉祥物是承载文化共识的具象化视觉符号，是一种观念或物体的替代物，是人类审美情趣与文化认同的具象化表征。在经济全球化的今天，吉祥物作为一种视觉语言，在企业文化象征、品牌形象推广、城市活动和形象传播方面担负着表达与沟通的重要作用。

本章将向读者介绍有关吉祥物的相关知识，并通过卡通吉祥物的实例制作分析，讲解在CorelDRAW中设计绘制卡通吉祥物的方法和表现形式。希望通过本章的学习，使读者掌握吉祥物设计的思路和方法。

5.1 吉祥物设计知识

“吉祥物”一词的英文为“mascot”，来源于法语词汇“mascotte”，意为任何带来好运的人、动物或物体，或任何能够代表一个群体的公共标识。现代吉祥物多指企业、城市和大型商业活动等为提升品牌影响力而选择的拟人化形象。

5.1.1 吉祥物设计的形式

企业、赛事活动主办方或是任何需求方，对于吉祥物的需求都注重于品牌定位和商业价值的转化。因此在吉祥物的设计工作开展之前，需求方会依据营销推广的需要列出具体的需求，包括吉祥物的寓意、作用、使用场景和方法等各种具体或抽象的要求，最终消费者对吉祥物所有的感性认知都来源于需求方的认识与选择。

吉祥物的设计形式多种多样，吉祥物设计要契合设计对象理念，体现设计对象的特点。吉祥物设计除了二维效果外还可以进行3D效果延展设计。常见的吉祥物设计可分为品牌吉祥物设计、企业吉祥物和城市吉祥物设计。

品牌吉祥物

品牌吉祥物是指企业为强化自身的经营理念，在市场的竞争中建立更好的品牌形象，突出产品的特性而选择有亲和力、品牌内涵的事物，以富于拟人化的象征手法和夸张的表现形式来吸引消费者注意、塑造企业形象的一种具象化图形的造型符号。

海波儿HIPEARL_珠海城市有礼吉祥物设计 / 设计师_刘第秋 / 通过对渔女雕塑原型的元素提取和视觉符号的再设计，呈现出一个可爱、呆萌的形象。该形象简洁易记，且易于性格塑造和视觉延展。

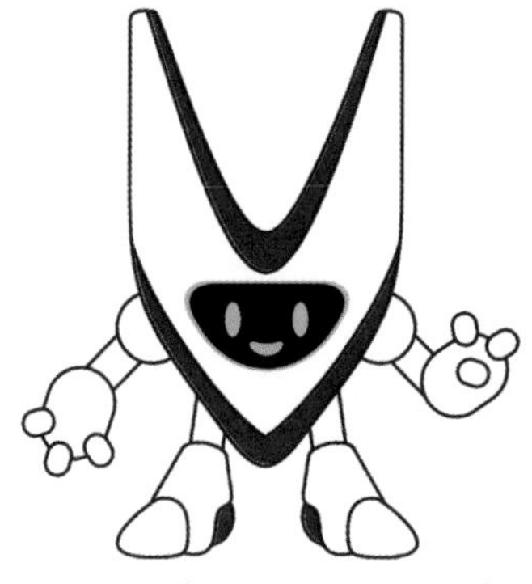

智能机器人 V-155_长安FAN吉祥物设计/ 设计师_刘第秋 / 视觉原型来源于长安汽车的LOGO，主体形象由字母V构成，视觉简洁易记，科技感十足且具有亲和力，便于延展三维设计和应用。

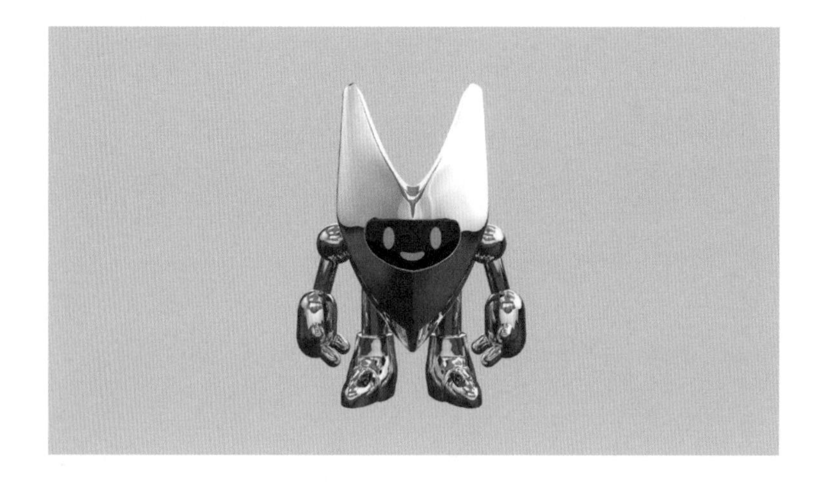

万事达_品牌达人吉祥物 / 设计师_刘第秋 / 从Master Card的标志中提取两圆交汇的负形，与时下流行的百叶窗太阳镜契合，以笑脸的卡通形象呈现，形成简洁并易于延伸设计的视觉识别特点，体现“万事达人”积极乐观的人生态度。

TINA_个人形象卡通设计 / 设计师 刘第秋 / 通过卡通化的设计处理，使形象极具设计感，体现欢乐积极的形象态度。

城市形象吉祥物

在城市发展过程中，城市形象吉祥物能更好打造城市形象，吸引更多旅游人士。通过设计能代表城市特点的吉祥物可以展示当地的文化和艺术之美，提高城市影响力。

贵州长顺县城市形象吉祥物设计方案

5.1.2 吉祥物设计的要求

吉祥物设计和单纯的卡通形象设计最大的不同在于，它必须依据对象的特色作为设计方向，准确生动地传递信息主旨，并具有广泛的接受度，使其成为品牌形象的辅助剂。吉祥物设计要充分了解对象的经营理念，体现吉祥物的设计价值。一般吉祥物设计应有一下几个要点。

高识别性

吉祥物的设计必须具有强烈的独创性，拥有自己鲜明的个性和气质，使受众对其印象深刻，在复杂背景下具有高辨识性。

具有亲切感

吉祥物的设计要满足大众审美情趣，须具有较强的人情味，使大众对其更容易接受，使吉祥物形象的传播速度更快。

延展性

吉祥物的设计要满足在不同的传播媒介上的兼容性，以便可以对其做出更多的拓展性设计，充分体现其商业价值。

关联性

吉祥物的设计必须与其对象具有高度的关联性，使受众可以通过吉祥物的形象了解对象的理念及特点，使吉祥物成为提升对象品牌影响力的辅助剂。

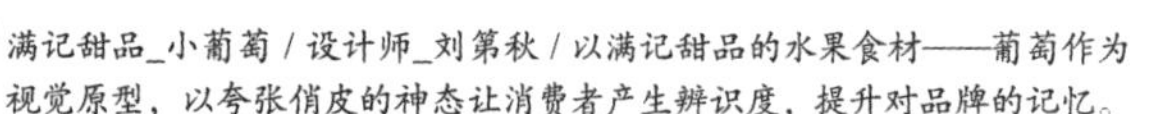
满记甜品_小葡萄 / 设计师_刘第秋 / 以满记甜品的水果食材——葡萄作为视觉原型，以夸张俏皮的神态让消费者产生辨识度，提升对品牌的记忆。

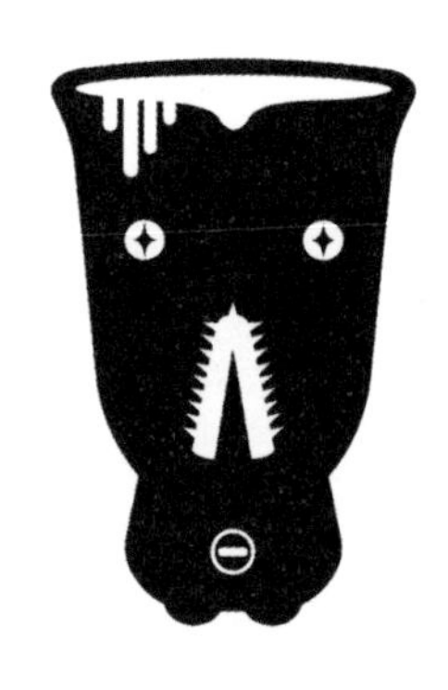

满记甜品_搅拌机怪兽 / 设计师_邱爽 / 以搅拌料理机作为视觉原型，以呆萌的表情让消费者产生辨识度，加深对品牌的记忆。

5.1.3 吉祥物的设计流程

1. 项目分析与沟通

首先对项目的背景进行全面的分析。确定任务是委托设计还是投标，是单项设计还是系列开发，以及交稿和提案的时间节点。深入了解对象，与客户进行实际的沟通，双方达成共识，充分尊重客户的建议和诉求，并获得对方的信任。

2. 吉祥物设计前期预案

指在设计之前，针对用户提供企划案，多方面去分析吉祥物设计的可行性方向，通过参考案例、策划方案和具体方法与客户达成共识，签订设计合同。

3. 策划定位与设计

首先，依据客户的诉求和项目背景内容，进行相关资料和视觉原型的收集工作；其次，对视觉原型进行元素的提炼，展开设计草图的绘制；最后，经过 CorelDRAW 软件的修正和规范设计，最终完成设计方案，提交客户审定。

4. 延展设计与应用

与客户确认吉祥物设计方案的最终定稿后，即可依据合同的工作内容开展吉祥物的延展和应用设计。首先，基于吉祥物的三视图开展不同造型、动态和表情的设计，通过系列化的设计，给人以群组形象的概念，加深人们对该形象的印象；其次，依据客户市场的需求，将吉祥物开发成各类文创产品，如毛绒玩具、体恤、钥匙挂件、办公用品和生活用品等，通过 IP 形象的品牌识别度进行市场的推广和销售。

海波儿HIPEARL_吉祥物周边产品设计 / 设计师_刘第秋、珠海米立文化传播 / 吉祥物延展与应用

5.2 制作品牌吉祥物

设计背景：

珠海，珠江三角洲中心城市之一，东南沿海重要的风景旅游城市。HIPEARL 形象通过对渔女雕塑原型进行元素提炼和视觉符号的再设计，呈现出一个可爱呆萌的形象。该形象简洁、易记，且易于性格塑造和视觉延展。

设计关键词：钢笔工具、椭圆形工具、形状工具、智能填充工具

本案例中使用了 CorelDRAW 的“钢笔工具”和“椭圆形工具”绘制路径图形，并通过“形状工具”对路径进行曲度的调整，用“智能填充工具”进行上色，最终绘制出一个完整的吉祥物形象。

制作吉祥物：

01 新建文档 执行“文件>新建”菜单命令创建新文档。

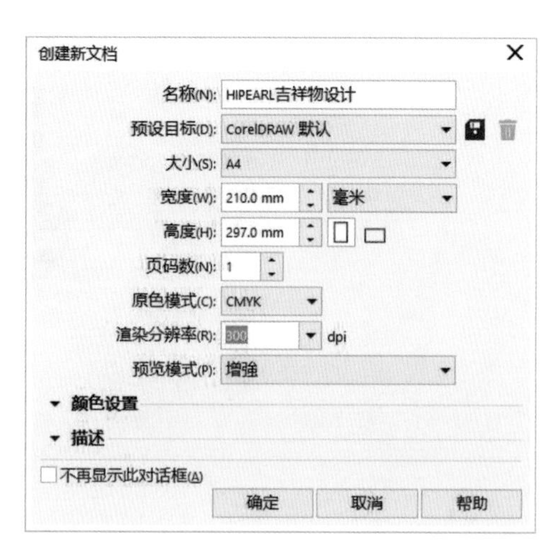

02 绘制路径图形 使用“3点椭圆形工具” 绘制HIPERAL发束，单击“椭圆形工具”（快捷键F7）绘制HIPEARL的头部。

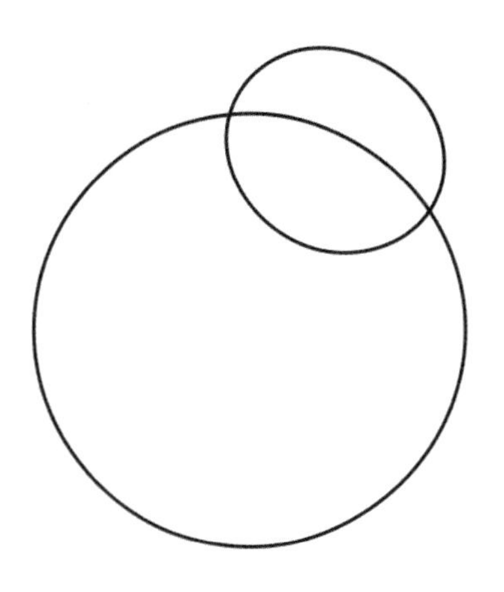

TIPS

在绘制不同图形的时候，可单独进行绘制，然后用“选择工具”拖曳到合适位置即可。

03 使用“贝塞尔工具”绘制发际线，再单击“形状工具”（快捷键为 F10）进行修形。

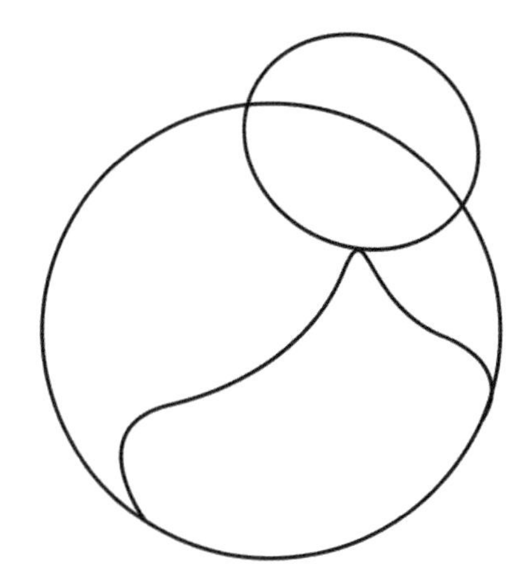

04 使用“贝塞尔工具”绘制嘴巴、右眼。用“椭圆形工具”绘制耳钉和发束上的珍珠。

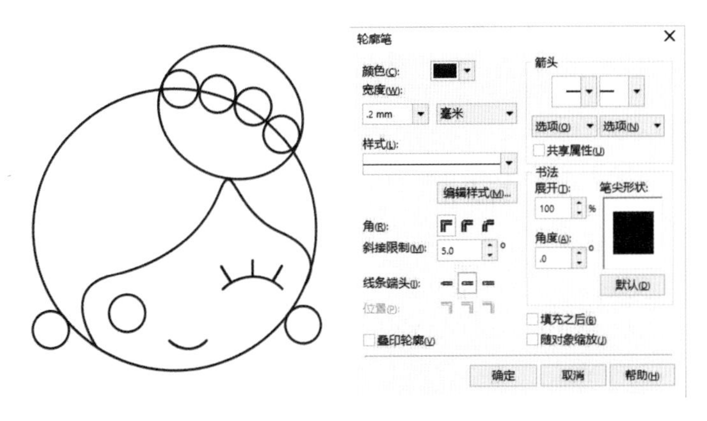

TIPS

分别选中所画的嘴、眼睛，按快捷键 F12 打开“对象属性”对话框，选择“圆头端点”将线条的方形端头改为圆形端头，这样会使线条更美观。

05 使用“钢笔工具”绘制出HIPEARL的身子，利用“形状工具”调整形态，直至轮廓流畅。

06 用“矩形工具”（快捷键为F6）画出长度合适的矩形。在属性栏的圆角半径框中输入数值90mm，绘制出HIPEARL的手臂。双击绘制出的手臂，旋转到合适方向，拖到HIPEARL的相应位置。

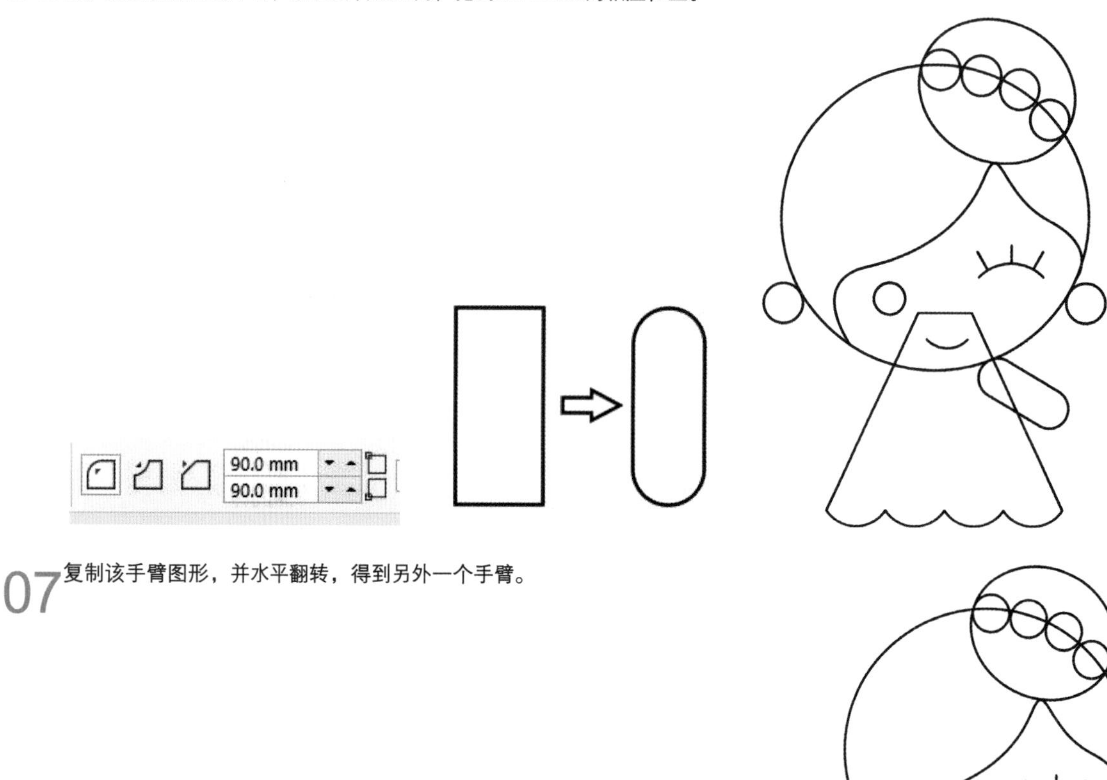

07 复制该手臂图形，并水平翻转，得到另外一个手臂。

TIPS

复制对象时，用“选择工具”单击选中该图形，再按住鼠标左键不放，拖曳图形到目标处，再单击鼠标右键，然后同时放开左右键即可完成对象复制。

水平翻转图形需用“选择工具”单击选中该图形，再单击属性栏上的“镜像翻转”图标，即可完成对象的水平翻转。

08 使用“椭圆工具”画出HIPEARL的左边的小珍珠“咕噜噜”外轮廓、项链和脚。

09 使用“椭圆工具”和“钢笔工具”绘制出小珍珠“咕噜噜”的五官。

10 使用“造型 > 修剪”修剪HIPEARL的身子与头部重合的部分，手臂、发束和圆球萌物进行同样的处理。然后在“对象属性”对话框里调整轮廓线到合适粗细。

TIPS

“造型 > 修剪”工具的使用原理是，两个相交图形 A 和 B，使 A 图形修剪 B 图形。单击选择 A 图形之后在造型工具栏里单击“修剪”按钮，再单击需要被修剪的 B 图形，即可完成修剪命令。反之同理。

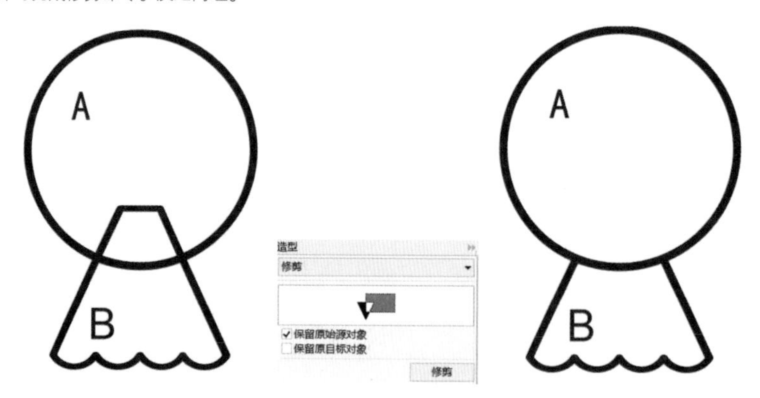

11 对各图形做局部调整使之协调。使用“交互式填充工具”和“智能填充工具”对HIPEARL进行上色，同时使用快捷键Ctrl+Pgup和Ctrl+Pgdn，调整各图形的顺序。

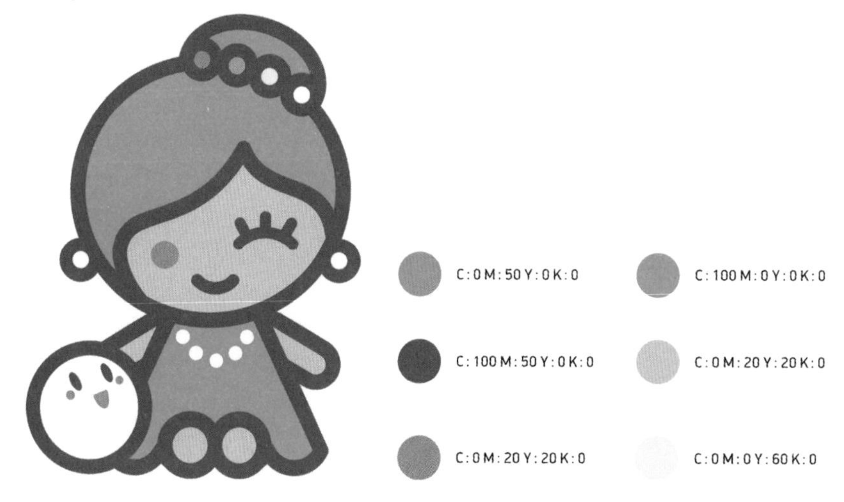

5.2.1 对比分析

吉祥物形象设计过程需要经过逐步推敲，不断完善才能获得满意的效果。HIPERAL 形象经过不断推敲和与客户的沟通，最终采用了下图右边的形象。

- 初稿的设计是对“珠海渔女”雕塑的卡通还原，保留了雕塑的曲线形态，但造型固定，不利于延展。
- 初稿的形象，头部用小章鱼和发髻形成同构，虽独特、幽默，但容易产生歧义。
- 修正后的形象可爱呆萌，造型简洁，眨眼的表情是独特的视觉元素，让人印象深刻。
- 修正后的吉祥物，易于延展，可变换出各种表情与造型。

5.2.2 案例分析与心得

“海波儿”是珠海旅游文创品牌旗下的 IP 卡通形象，从项目沟通到完成耗时一个月左右，最终完成的设计方案得到客户的认可，并进行延展设计和应用，市场反馈良好。这个项目的难点在于不是凭空创作一个吉祥物，而是基于珠海已有的“渔女”雕塑来进行元素的提炼和再设计。所以，如何在既保留原有传统视觉元素的同时，又能具有卡通吉祥物呆萌、可爱的特点是设计时需要面临的难题。经过与客户不断地沟通和磨合后，最终以简洁的造型以及“眨眼”的标志性表情完成了该吉祥物的设计。

5.3 制作城市吉祥物

设计背景：

长顺县位于贵州省黔南布依族苗族自治州，顺娃吉祥物设计充分挖掘当地文化内涵。在传统文化里，六是吉祥数字，寓意“顺”，通过将数字 6 与卡通形象进行同构，视觉语言既简洁，又极具记忆点和传播力。“顺娃”形象结合了当地古岩画群图案，生动形象地展示了当地独有特色。

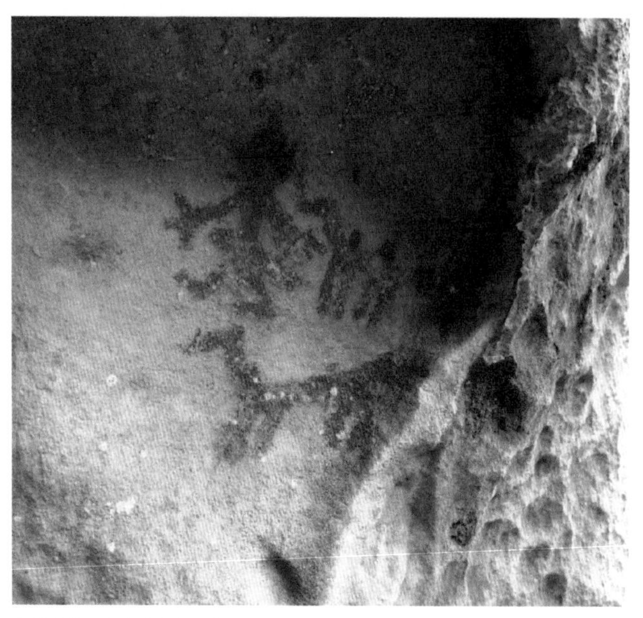

贵州长顺县付家院古岩画群

设计关键词：手绘工具、椭圆形工具、形状工具、交互式填充工具

本案例中使用 CorelDRAW 的“手绘工具”和“椭圆形工具”绘制吉祥物路径图形，并通过“形状工具”对路径进行曲度的调整，最终绘制出一个流畅的吉祥物基本型，再利用“交互式填充工具”进行填色。

长顺城市吉祥物设计方案 / 设计师_刘第秋 / 以长顺县付家院古岩画群的崖画人物形态作为视觉原型，结合数字“6”的外形同构，以俏皮的神态让消费者产生辨识度，提升对城市旅游品牌形象的记忆。

制作吉祥物：

01 在草稿纸上进行创意构思，确定吉祥物的基本型。顺娃吉祥物形象创意灵感来源于长顺县付家院古岩画群，通过分析与不断推敲，提炼出一个极具当地特色的吉祥物形象。

02 新建文档 执行“文件>新建”菜单命令创建新文档。

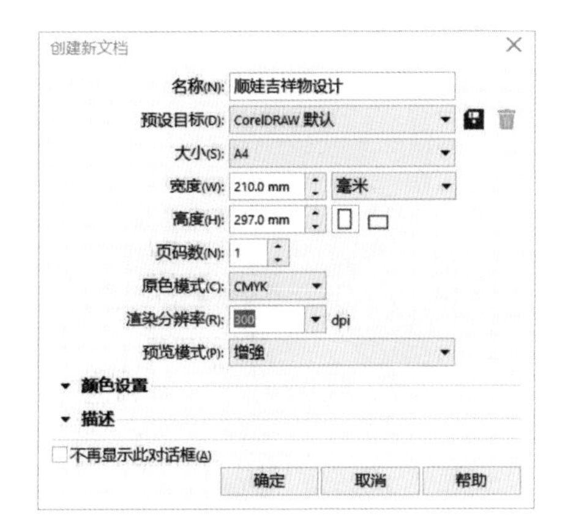

03 绘制吉祥物路径图形 使用“手绘工具”或“钢笔工具”绘制顺娃基本型。再用“形状工具”调整线条曲度，使线条顺畅。在“对象属性”里增加四肢轮廓宽度。

TIPS

用“手绘工具”绘图时，结合使用数位板可画出更流利的线条。

04 将线条轮廓转换为对象并合并整个图形 按住鼠标左键圈选整个图形，执行菜单命令“对象>将轮廓转换为对象按钮”（快捷键为Ctrl+Shift+Q）将轮廓转换为对象。再执行“对象>造型>合并”菜单命令合并图形。

TIPS

查看图形线框模式，执行菜单命令“视图>简单线框”可查看图形线框图。单击“增强”按钮可切换回正常视图模式。

05 删掉图形的头部中不规则的圆 将线框模式视图切换回增强模式，选中头部中不规则的圆，按Delete键将其删去。对吉祥物外形做进一步调整，使之达到满意效果。

06 对图形进行颜色填充并描边 使用“交互式填充工具”对图形进行填色，并在“对象属性”栏里设置轮廓宽度为1.14mm，对图形进行描边。

● C:0 M:80 Y:80 K:0
● C:50 M:90 Y:100 K:40

07 绘制吉祥物面部 使用“椭圆形工具”绘制出面部，使用“交互式填充工具”进行填色，再复制一个椭圆并缩小到合适大小，然后填充白色，调整图形顺序，完成面部的绘制。

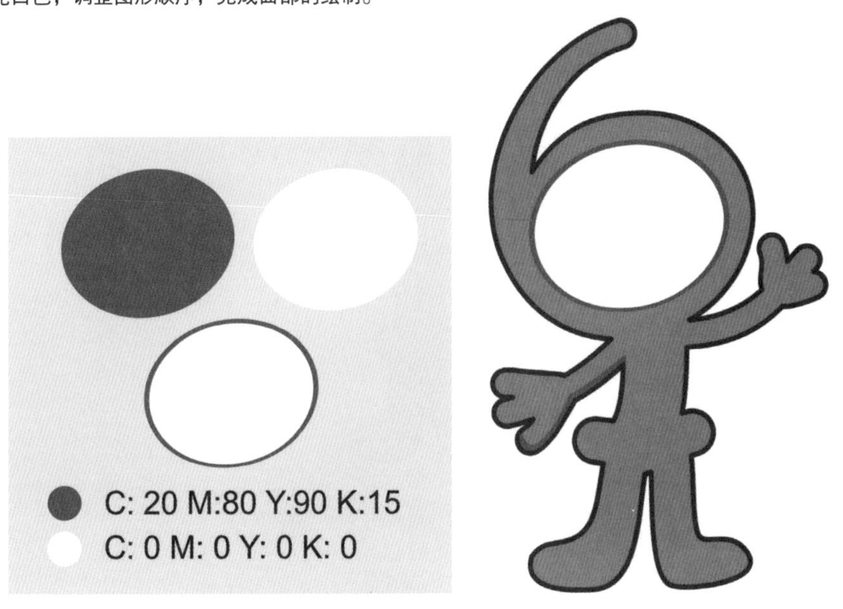

08 绘制吉祥物眼睛 使用“钢笔工具”绘制出吉祥物的左眼，并使用“交互式填充工具”进行填色。再复制出一个做好的图形作为吉祥物的右眼。

09 绘制吉祥物眼珠 使用“椭圆形工具”绘制出眼珠，并放置在眼睛的合适位置。

10 绘制吉祥物腮红和嘴巴 使用“手绘工具”和“椭圆形工具”绘制嘴巴与腮红，并填充颜色。

11 对各组件进行组合 将五官与吉祥物身体部分进行组合。

12 绘制吉祥物阴影及高光部分 使用“贝塞尔工具”，绘制各高光与阴影图形。

● C:20 M:80 Y:90 K:15

TIPS

绘制吉祥物阴影部分时，须根据对象线条走势进行绘制。

5.3.1 对比分析

“顺娃”吉祥物的设计从最初的创意到最后考虑可延展、可制作和易记忆等因素，经过若干次的推敲、调整，最终完成了该城市形象吉祥物设计方案。

Before

After

- 初稿的设计色调整体性强，但面部与身躯同一色系，显得不透气。
- 初稿形象的头部与数字“6”的图形同构不太明显。
- 修正后的“顺娃”的橙色与面部的白色搭配，整体形象生动又有灵气。
- 修正后的“顺娃”头部数字“6”的形态能识别出来，且与躯干搭配协调。
- 修正后的吉祥物的设计易于延展，造型简洁，活泼生动，给人印象深刻。

5.3.2　案例分析与心得

长顺城市吉祥物的设计项目是与城市视觉形象设计项目一同开展的，是当地政府为了城市对外旅游宣传需求的目的而拟定的。经过前期与相关部门的交流和沟通，并对在地文化和自然旅游资源进行了实地考察后，笔者将长顺县付家院古岩画群和“顺”文化两者最具代表性的文化元素提炼出来，进行卡通吉祥物的创作，由此独一无二的“顺娃”形象诞生了。通过这次设计，笔者认为实地考察的重要性对于设计是非常有必要的。因为，付家院古岩画群是长顺独有且非常宝贵的古人类遗迹。其次，“顺”文化，也是长顺县对外宣传中国优秀传统文化的一张礼仪名片。所以将二者的结合，进行吉祥物的设计是最具代表性和说服力的。

5.4 课后练习

通过以上吉祥物设计案例的剖析与讲解，大家应该对吉祥物设计的步骤和要求有了大体的了解，对如何有条理地进行吉祥物的设计有了普遍的认知。下面，我们通过完成如下吉祥物设计来训练自己对设计的定位、元素的提炼、软件的操作能力和视觉设计的表现能力。

5.4.1　设计品牌吉祥物

学校的发展离不开学校品牌形象的建立与推广，学校吉祥物作为校园文化的组成部分和形象大使是非常有必要的。所以，同学们依据我校发展历程、办学特色和学科优势等进行学校吉祥物的设计。设计内容包括吉祥物三视图、吉祥物基本动态和吉祥物延展设计。

5.4.2　设计城市吉祥物

城市的发展离不开城市形象的树立与推广，城市吉祥物作为城市视觉形象系统的组成部分和形象大使也是非常重要的。比如我们熟悉的日本熊本县的吉祥物熊本熊，就为当地的城市宣传推广、地方经济发展起到功不可没的作用。所以，大家以你自己的家乡的历史背景、自然资源和人文风情为设计背景，进行城市吉祥物的设计。设计内容包括吉祥物三视图、吉祥物基本动态和吉祥物延展设计。

Vivienne
Westwood

第 06 章

CorelDRAW之插画设计

插画是一门融合多艺术学科、涵盖面广、表现形式丰富的艺术学科，是当今不可或缺的视觉传达艺术 插画的表现形式有很多，写实、抽象、涂鸦、黑白和水墨等都可以运用到插画的创作中去 本章将向读者介绍插画设计的相关知识，并通过实际案例的讲解使读者能够由浅入深地掌握运用CorelDRAW创作数字插画的方法和表现技巧

6.1 关于插画设计

随着科技的迅猛发展和信息化时代的步伐，插画设计不再仅仅作为一种视觉艺术的表现形式，而是更多地承载着信息传播的功能。如今，插画被广泛地运用到社会生活的各个领域，无论包装、标志、广告，还是空间和互动多媒体设计，都会借鉴与应用插画这一艺术形式。在现代设计领域中，插画设计可以说是比较具有表现意味的，许多表现技法都是借鉴了传统绘画艺术的表现方式，而数字化时代的发展让其具有了更创新的表现形式与意义，不断迸发着新的活力。

6.1.1 插画的形式

近年来，计算机软件技术的应用和升级使传统的插画逐渐向数字插画方向转型，特别是商业插画，大多是以数字插画的形式出现的。本章主要讲解如何运用 CorelDRAW 软件来创作插画，所以笔者讲解的内容和插画形式也是基于数字插画而言的。

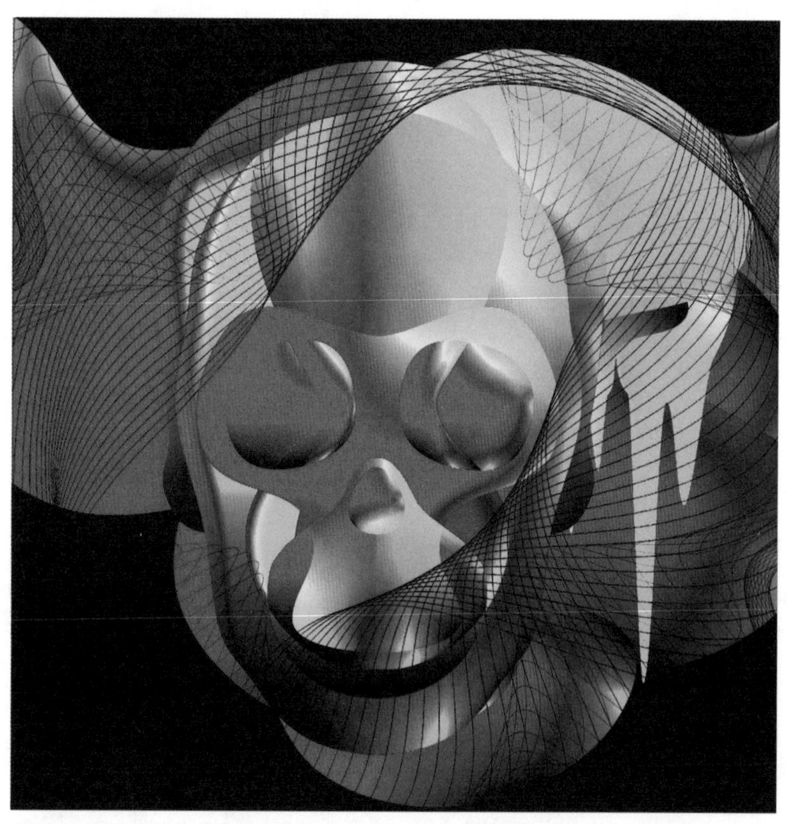

爱的魔幻 / 设计师_刘第秋 / 通过抽象的几何形态与渐变色彩来构成具有赛博风格的插画语言。

装饰风格插画

装饰风格的表现形式是指，在创作插画的过程中以几何或抽象图案装饰效果为主，让设计呈现出非常强烈的装饰性美感，给予观者美妙的视觉效果。装饰风格插画可以是纯艺术创作，也可以用于各种商业设计中。

骷髅万花筒_可口可乐100周年 / 设计师_蒋玥 / 用经典的可口可乐瓶型与墨西哥骷髅纹结合，装饰风格突出，醒目又时尚。

MG面膜 / 设计师_吴旋 / 以几何雪花图案与抽象的女性头像结合，装饰风格合理地应用于商业插画。

手绘风格插画

这是插画设计最普通的手法，脱胎于传统绘画表现形式。多以手绘表现结合计算机软件辅助完成。与装饰风格相比，更具表现力和偶然性。最初的创作阶段不受计算机功能的限制，都是以手绘形式完成的，如黑白、木刻、水彩、油画和涂鸦等。后期再输入计算机通过软件完稿，常见于各类商业品牌广告和杂志插图。

ANNASUI / 设计师_谭秀丽 / 以安娜苏经典的娃娃头香水为视觉原型，表现出少女纯真可爱的形象。

摇滚敦煌 / 设计师_吴彧琦 / 故以很拙的手绘表现，将西方摇滚音乐文化与中国敦煌壁画中反弹琵琶的飞天形象重构，以文化碰撞的方式来体现薇薇安时尚品牌的创新和国际化。

几何风格插画

这是指通过规则或不规则的几何图形来构成插画的形式，这类形式的插画主要会应用到CorelDRAW软件的“手绘工具”“矩形工具”“椭圆形工具”和“造型”命令来进行创作。

碳化物 / 设计师_刘第秋 / 以钻石几何切割的色块来体现装饰风格插画的各种表现可能性。

可乐实验室/ 设计师_陈森 / 运用CorelDRAW软件的工具直接在计算机里绘制几何风格的商业插画。

坐看云起/ 设计师_刘第秋 / 基于手绘草稿结合CorelDRAW软件辅助完成卡通类插画的创作。

6.1.2 插画设计的要求

创意思维独特

插画设计需要独特和开阔的思维。创造性的思维结合独特新颖的表现形式，才能创作出独具匠心、引人关注的作品。插画的创意取决于设计师自身的天赋、设计素养、审美能力和知识结构等因素。好的创意不仅能够表达插画的主题，还能让人产生共鸣与联想。

幻境中倒下 / 设计师_刘第秋 / 运用矢量软件进行纯艺术插画表达，通过元素和场景来营造氛围。

在母体 / 设计师_刘第秋 / 通过抽象的矢量绘画语言来进行艺术插画的探索与尝试。

视觉寓意深刻

插画设计主要以图像和图形为主，通过视觉传达来表现创意和主题，所以准确而富有寓意的图形表达，是插画设计好坏的关键。视觉表现的风格取决于插画的主题和内容，商业类的插画依据客户和受众对象的诉求和需求而不同，最终以准确的视觉表现来传达插画的内涵和寓意。

字体搭配合理

文字的编排与设计往往被初学者忽略，以为只要插画的图形设计好就可以了。相反，图文的合理搭配显得尤其重要。字体的大小、色彩、风格和编排都需要与图形来匹配和设计，才能使插画具有完整性和统一性。

便于应用与延展

插画设计应用于商业，往往需要与相应的产品匹配，进行系列插画的设计和延展。这就需要设计师在了解和分析商业的诉求后，依据主题进行系列的创作，保持风格统一。

荔物品牌产品插画 / 设计师_廖诗怡 / 以风格一致的系列插画应用于同类别的商业设计中。

6.2 品牌推广插画设计

品牌推广插画设计：

莱斯银行（Lloyd's Bank），是英国一所历史最悠久的银行，亦是伯明翰的第一间银行，创立于1765年，是英国最大抵押贷款及储蓄银行集团。《on the road》这幅插画运用莱斯银行的品牌标志元素结合其发展历程进行创作，通过齐头并进的黑马来寓意莱斯银行拼搏进取，不断发展的未来。

"莱斯银行标志"

设计关键词：手绘工具、形状工具、网状填充工具、矩形工具

本案例中使用了CorelDRAW的“手绘工具”进行马身花纹的绘制，接着用“形状工具”选取各个节点来调整细节，然后用“网状填充工具”来绘制插画渐变背景。

制作插画流程：

01 新建文档 执行“文件>新建”菜单命令创建新文档。

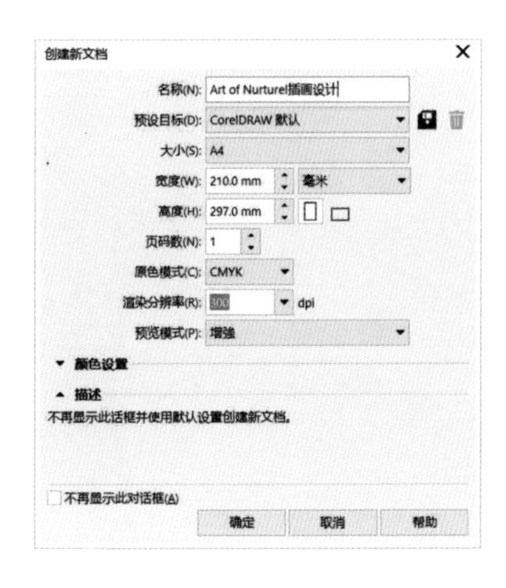

02 草图扫描到电脑 将手绘的草图扫描到电脑，单击“导入”按钮或使用快捷键Ctrl+I将手绘图导入到CorelDRAW。

TIPS

草图可以画得更仔细一些，有助于后面对线稿的细节处理。

03 绘制线形图 以手绘的线稿为底图，使用“手绘工具”中的“贝塞尔”，绘制出草稿的基本线性轮廓。

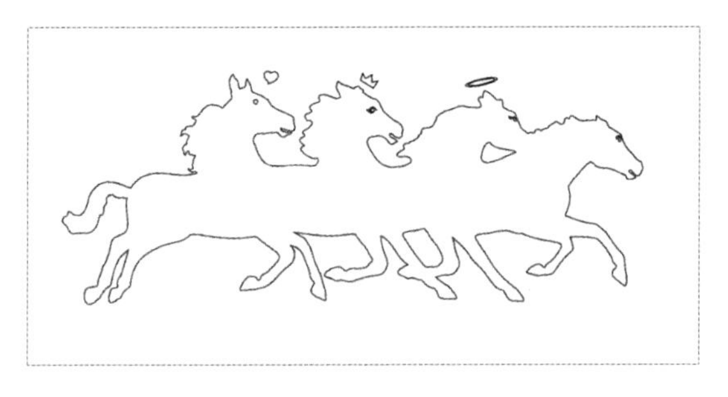

04 绘制视觉主体 花纹是马身的装饰纹样，也用来体现马身各部位的结构，让马群更具动感。先使用“手绘工具”绘制单个组件，并使用“形状工具”来调整轮廓的流畅度。

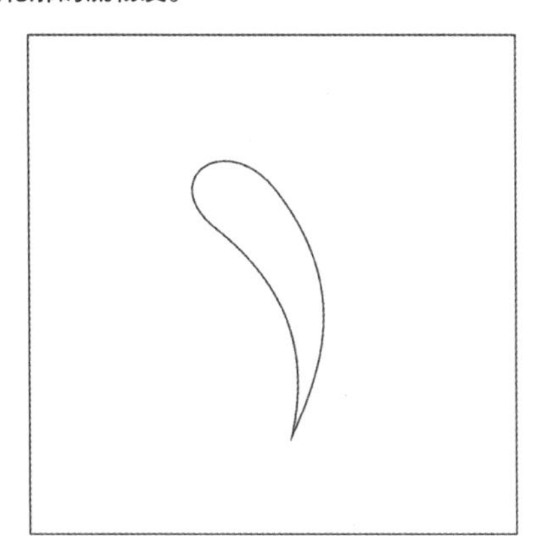

05 接着选择该组件，在菜单栏中选择“对象>变换>旋转”命令（快捷键为Alt+F8），弹出“变换”对话框。然后设定旋转为40度，复制副本数为1，完成螺旋花纹的绘制，最后填充颜色。

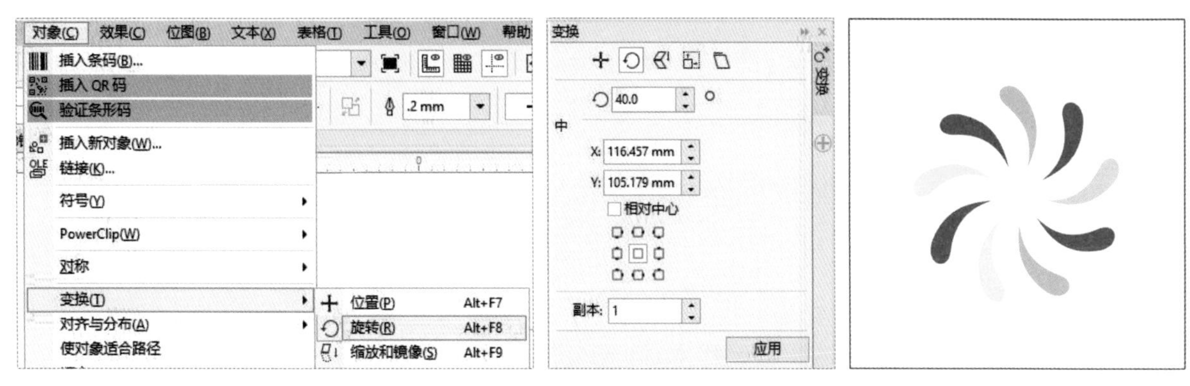

06 然后同样使用“手绘工具”和“形状工具”依据花纹的风格绘制出马身的其他部位的结构线条。

TIPS

我们从线稿图可以看出，绘制的花纹和线条图案都是非常流畅而具有动感的，这需要我们在完成每一个纹样时，熟练运用“形状工具”将线条的各个节点调试到顺滑为止。

07 依据色彩的搭配完成马和花纹的填色，视觉主体绘制完成。

08 绘制背景 使用“矩形工具”□绘制马场的草坪，接着使用“手绘工具”绘制背景的白云。

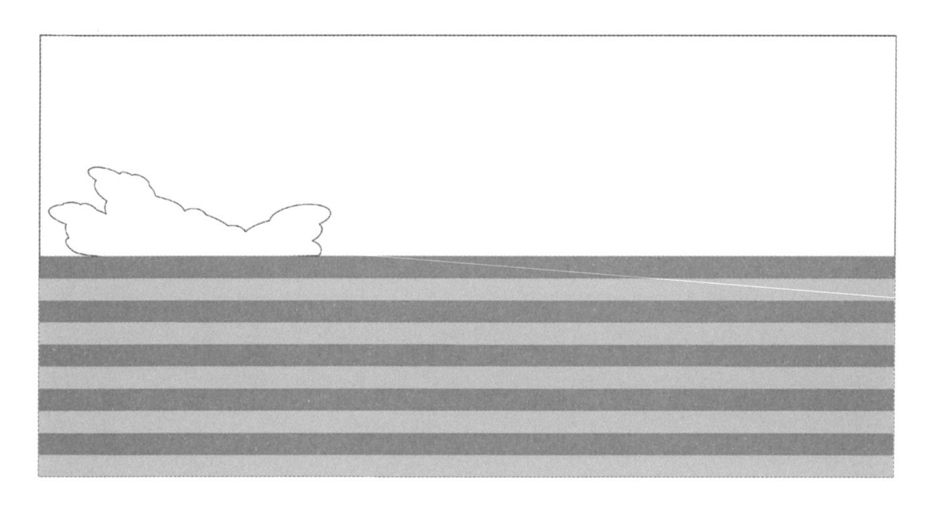

09 然后，使用“网状填充工具”，选择相应的渐变色彩填充天空的颜色。

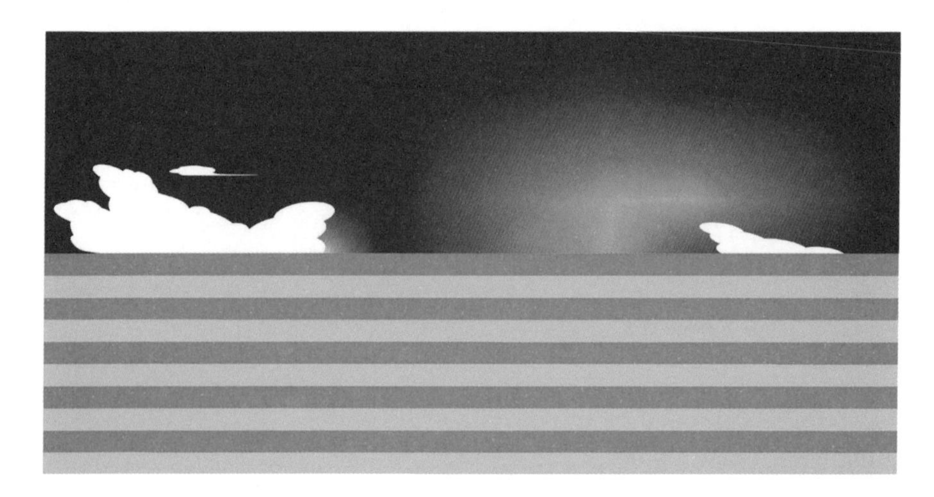

10 最后，我们将主视觉图形放置画面居中位置，即完成该插画的设计。

6.2.1 对比分析

数字插画的创作过程大多都是基于手绘的草图进行创作的，这就意味着更多的内容和细节，我们都是通过计算机软件来辅助完成的。对于画面整体的布局和细节的把控，都需要花时间来思考和修正，才能完成最后的作品。

Before

After

- 初稿的画面显得十分呆板，奔跑的马群也缺乏细节，没有奋进的意向。
- 初稿的背景也缺乏变化，没有空间景深，使得画面缺乏可读性。
- 修正后的画面整体布局合理，色彩丰富，奔跑的马群也显得活力十足。
- 修正后的画面背景也富于变化，与视觉主体衬托，搭配协调。
- 修正后的每一只马头顶都有简洁的符号来表示寓意和内涵，增添了画面的联想。

6.2.2 案例分析与心得

《on the road》是为莱斯银行（Lloyd's Bank）创作的商业插画，4匹合体的黑马向前奋进的姿态，表现了银行员工协力向前，积极的工作态度，而黑马也是其品牌标志的视觉元素。插画的各个元素和细节都是通过CorelDRAW软件辅助完成的，从最初呆板的画面到最后灵动的画面，都需要时间来调整各个细节。所以，对软件各个工具的熟悉是非常重要的。因为只有掌握了软件的各个功能，才能如鱼得水地进行自由的表现，准确地将自己的想法视觉化呈现出来。

6.3 装饰插画设计

设计背景：

如今许多视觉艺术家和插画师擅长运用 CorelDRAW 来进行装饰插画的设计，因为计算机操作方便快捷，很多功能可以创作出丰富多样的形式，且矢量图的文件格式使得画幅可无限放大，不会失真。所以，如今 CorelDRAW 无论在商业插画还是纯艺术插画领域都变得非常普及和流行了。

设计关键词：椭圆形工具、手绘工具、形状工具、透明度工具

本案例中使用了 CorelDRAW 的“椭圆形工具”和“手绘工具”绘制图形，并通过“透明度工具”对图形进行渐变风格的处理，最后通过各个图形组件的搭配完成插画的创作。

01 新建文档 执行“文件>新建”菜单命令创建新文档。

02 绘制主视觉图形 使用“手绘工具”绘制卡通图形的基础轮廓，接着使用“形状工具”对外轮廓的各节点进行细节的调整。然后选择合适的色彩进行搭配。

03 选择该对象的外轮廓，执行菜单栏的“对象>变换>位置”命令。设置水平位置X为3.0mm，副本为3，复制出3个等距的外轮廓。

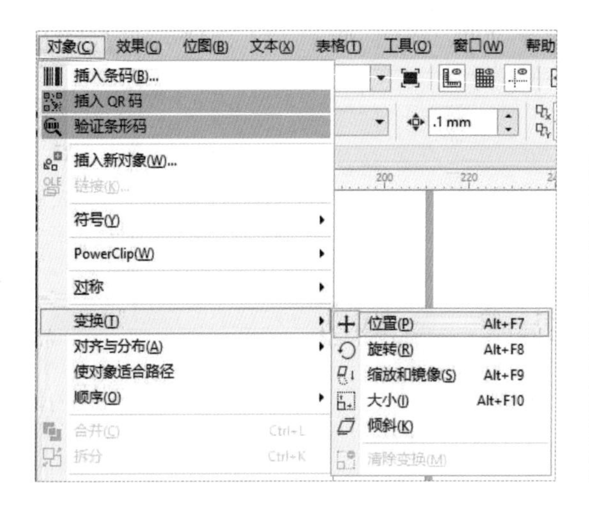

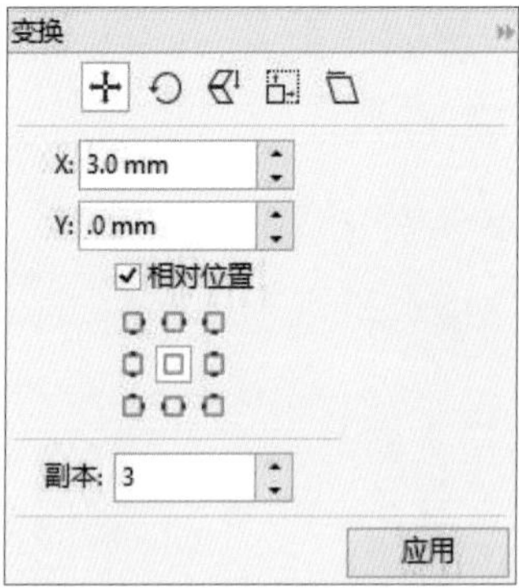

04 接着使用“透明度工具”▩设定透明度为50，让对象产生透明叠加的效果。

05 然后，鼠标左键选中所有对象，按Ctrl键，水平向右拖曳对象的同时，按鼠标右键复制对象，并填充不同的对比色，完成主视觉图形的绘制。

06 绘制插画背景 使用“手绘工具”绘制五角星、皇冠和流星等装饰性图形，接着将这些图形填充颜色。流星的图形使用“透明度工具”▩，让其产生渐变的视觉效果。

07 使用“椭圆形工具”绘制出星球图形，并将这些装饰性的图形与星球组合在视图中。

08 接着使用“椭圆形工具”绘制一个扁平的椭圆形，选择该对象，执行菜单栏的“对象>变换>位置”命令。设置纵向位置Y为-3.0mm，副本为10，复制出10个等距的椭圆，并填充相应的颜色。

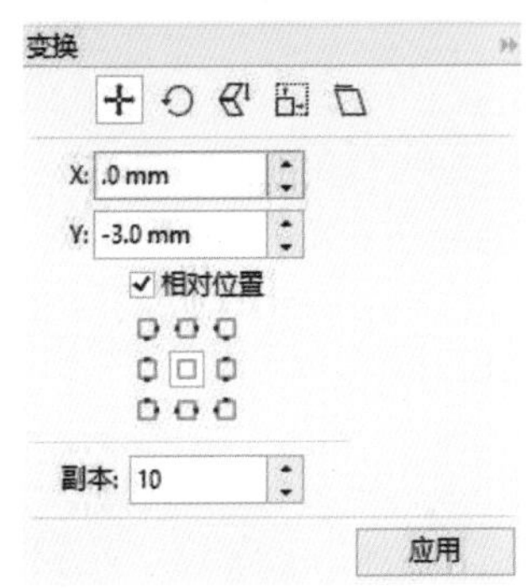

09 选取该对象，使用“透明度工具”▩，设定透明度为50，让对象产生透明叠加的效果。

10 为了使该透明图形显得更有体量感，鼠标左键选中所有对象，按Shift键，水平向中心位置缩小对象的同时，按鼠标右键复制对象。接着将所有背景图形合理放置在黑底的背景上，即完成插画背景的绘制。

11 最后将主视觉形象与插画背景组合，即完成该插画的设计。

6.3.1 对比分析

装饰插画的设计需要重视插画的绘画语言和细节。通过细节来增添装饰插画的可读性，才能让观者产生视觉记忆。

Before

After

- 虽然初稿的设计绘制了很多细节来丰富画面，但视觉表现仍显得有些呆板。
- 初稿的视觉主体也缺乏变化，不够生动。
- 修正后的设计，在黑色夜空背景绘制了渐变的流星，增添了画面的动感，打破了背景的沉闷；视觉主体增加了渐变的效果，让画面更丰富，整体视觉效果饱满，富有动感。

6.3.2 案例分析与心得

该插画属于艺术类的装饰插画设计，通过各个装饰性的图形和视觉主体构成画面，在设计时主要运用到平面设计的基本知识，如色彩搭配、图形创意设计和平面构成等。需要值得注意的是，该插画是矢量数字化的形式，无论放大还是缩小，图像都不会产生马赛克。通过运用软件的表现功能来增添数字绘画的阅读性，既便捷又有效果，符合时代的审美，这都是传统插画所欠缺的。

人物插画设定 / 设计师_刘第秋 / 提炼传统人物的视觉元素，结合软件的辅助设计，简洁的构成具有设计感的插画造型。

粉红色的风景 / 设计师_刘第秋 / 将风景的形态卡通拟人化，结合矢量风格的表现形式，使得插画生动、有趣。

6.4 课后练习

通过以上插画设计案例的讲解，大家应该对数字插画设计的要求有了大概的了解，对如何运用软件进行不同类型的插画设计有了普遍的认知。下面，我们通过完成如下插画设计主题来训练自己对插画创作的创意和执行能力，软件的操作技能，以及表现能力。

6.4.1 品牌推广插画设计

选择餐饮类、时尚服饰类或科技产品类品牌，依据品牌的特点或新类别产品特性进行品牌推广插画设计，需要通过创意的思维和表现形式体现该品牌的属性和特点。

6.4.2 装饰插画设计

我国是一个统一的多民族国家，56个民族承载着中华民族优秀传统和文化。每个民族都有自己的文化和历史，图腾或纹样。选择一个民族，依据其民族文化历史背景、故事和纹样特点来提炼视觉元素，创作一幅具有该民族特点，又富有时代审美的装饰性插画。

DOGS&CATS
ARE PETS
NOT FUR
COATS!!!
猫狗是宠物！不是皮草大衣！
DESIGN AGAINST FUR

LIBO GIFT
荔物
梅酒
荔波原生 | 甄选之物
Treasures From Guizhou

第07章

CorelDRAW之海报设计

海报是平面设计中传达信息的表现方式之一，通过版面的造型、图文编排和平面构成等一系列方式，将传播的主题内涵转化为视觉元素符号，形成画面。现代海报设计的发展与时俱进，推陈出新，不断进行着改变，进而探索新的形式和面貌。本章将向读者介绍海报设计的相关知识，并通过案例制作使读者能够运用CorelDRAW进行系列海报的设计。

7.1 关于海报设计

海报是一种信息传递的艺术，是一种大众化的宣传工具，向受众传递信息的一种广告宣传媒体。海报又称招贴画，英文名为 Poster，常见在公共场所张贴、散发或多媒体呈现等方式发出，以其醒目的画面吸引路人的注意。一般的海报通常含有通知性，所以主题明确、一目了然，并以最简洁的语句概括出时间、地点和附注等主要内容。海报是一种美学艺术的表现形式，有抽象的也有具象的。

7.1.1 海报设计的形式

海报按其应用不同大致可以分为商业海报、文化海报、电影海报、创意海报和公益海报等，这里对它们中常见的几种做大概的介绍。

商业海报

商业海报是指宣传商品或商业服务的商业广告性海报。最初是贴在街头墙上或挂在橱窗里的大幅画作，主要用来吸引路人的注意，达到宣传商品和刺激消费的目的。商业海报的设计要恰当地配合产品的格调和受众对象。

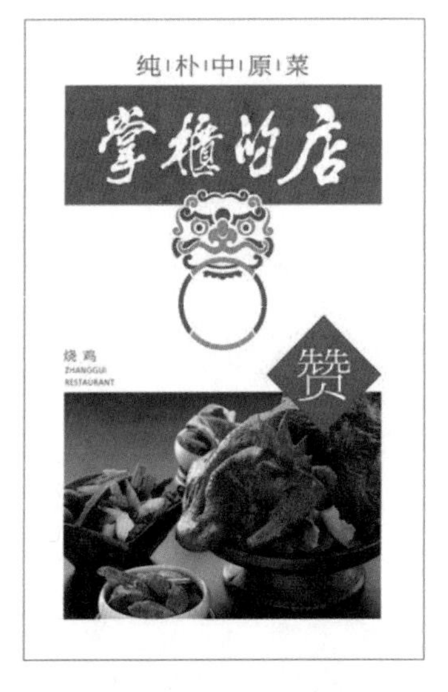

商业海报设计_掌柜的店 / 设计师_白刚 / 将餐饮品牌的标志和辅助图形，以醒目的版式与该品牌的菜品搭配，平面设计简练而醒目，起到宣传的直接目的。

文化海报

文化海报是指各种社会文娱活动及各类展览的宣传海报。展览的种类很多，不同的展览都有它各自的特点，设计师需要了解展览和活动的内容才能运用恰当的方法表现其内容和风格。

文化海报设计_健康重庆 / 设计师_谢明杰 / 重庆户外公益广告大赛银奖

电影海报

电影海报是海报的分支，电影海报主要是起到吸引观众注意、刺激电影票房收入的作用，与戏剧海报、文化海报等有几分类似。

公益海报

公益海报是带有一定思想性的。这类海报具有特定的对公众的教育意义，其海报主题包括各种社会公益、道德的宣传，或政治思想的宣传，弘扬爱心奉献、共同进步的精神等。

公益海报设计_最后江豚/ 设计师_王姝钰 / 以储水来隐喻对长江流域生态环境的保护，从而给江豚创造生命繁衍的机会。

7.1.2 海报设计的要求

在设计海报的时候，每个设计师都会依据不同的主题内容产生不一样的创意，这些创意是海报吸引大家的要点。而在设计海报的时候，也需要遵循几点原则和要求，才能完整地设计出漂亮的海报。

主题明确

海报设计一定要有明确的主题，才能以快速、有效和美观的方式达到传达信息的目的。这就要求海报设计在图文编排、色彩搭配、版式设计和平面构成上都要以突出主题内容为核心进行海报的设计。所以，要对广告的主体对象进行准确的分析和研究，以最具代表性的图文来体现主题。

商业海报设计_露友运动鞋 / 设计师_李政 / 将露友的标志以排列组合的方式构成运动鞋的基本形态，强调品牌，并以弹簧的形式来体现运动鞋的弹性特质，整体视觉时尚又具有活力。

视觉新颖

海报设计需要依据广告的内容和目标受众选择正确的视觉表现形式，结合时代的审美需求，运用新颖独特的视觉表现手段进行设计，从而产生较强的视觉吸引力。

商业海报设计_雀巢咖啡/ 设计师_陶用凤 / 以李白作为品牌的形象代言，喝的不是酒而是咖啡，来诠释雀巢咖啡的广告语“我的灵感一刻，我的雀巢咖啡”。这种简洁的中国画手法和隐喻的方式很好地诠释了广告主题，让人印象深刻。

内容醒目

一张海报的设计元素包括文字、图形、色彩及版式等内容，标题文字与广告主题有直接关系，所以需要突出和强调，可以通过使用醒目放大的字体设计配合文字的速读性和可读性，以及远观和近看的细节来进行设计。

创意呈现

通过对海报的主题内容进行分析和提炼，运用巧妙的创意构思，将文字、图形和色彩合理地组织到一起，考虑构图均衡、图文对比、色调搭配、图像隐喻和夸张幽默等视觉语言传达的手法产生一种感召力，促使广告对象产生冲动，达到广告的目的。

公益海报_反皮草 / 设计师_胡阅 / 将手提袋的绳子与勒死猫的图像进行同构，来反讽作为受人追捧的奢侈品——毛皮大衣是罪魁祸首。

7.2 活动海报设计

设计背景：

重庆交通大学是一所以交通特色鲜明、以工业为主的多科性大学。半个多世纪以来，广大交大师生秉承“明德行远、交通天下”的校训，在发展交通科技和培养交通建设人才中不断壮大，逐步发展成为一所交通科研优势突出，专业特色鲜明的多科性大学。60 周年校庆活动的宣传海报是依据该活动的专属视觉形象来进行延展设计的，通过放射性的线条、扩散性的线框和多彩的色条，来体现重庆交通大学自强不息，开拓创新，立足重庆，面向西部，鲜明的办学特色和独特的学校精神。

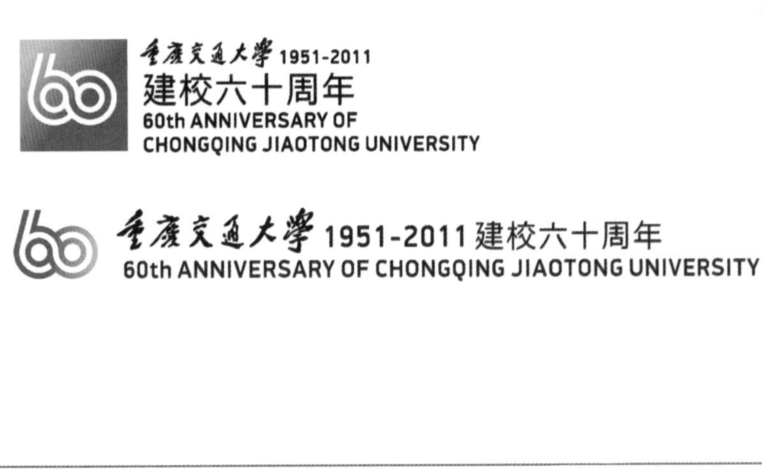

“重庆交通大学60周年”校庆标志 / 设计师_刘第秋 / 以60周年的办学历程和学校公路学科背景来进行图形同构，以连体且几何化的数字60来呈现。

“重庆交通大学60周年”系列海报 / 设计师_刘第秋

设计关键词：弧线工具、轮廓工具、裁剪工具

本案例选取了系列海报中的一张作为案例示范，使用了 CorelDRAW 的“弧线工具”绘制 Logo，并通过“轮廓工具”对图案进行调整、扩散和上色等操作，来制作设计海报。

制作标志图形

01 新建文档 执行“文件>新建”菜单命令创建新文档。

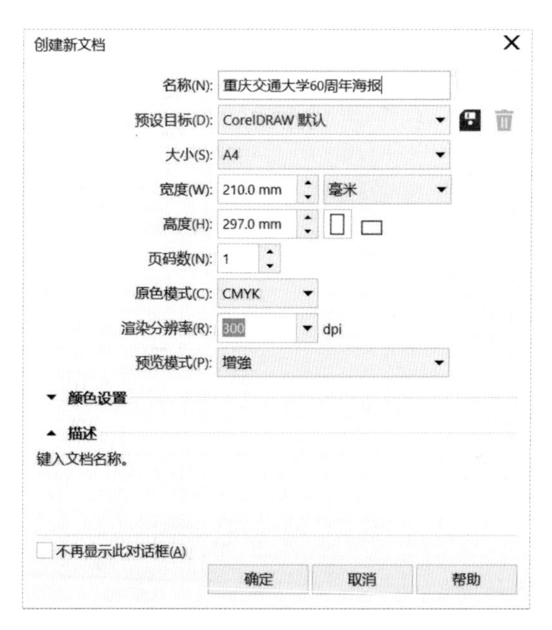

02 绘制中心图案 图案由两个大小相同的圆环组成，使用绘图工具 画出两个圆，组成圆环后再执行“视图>贴齐>对象”菜单命令。选中已画好的圆环，向右复制出一个与它相交的大小一样的圆环。

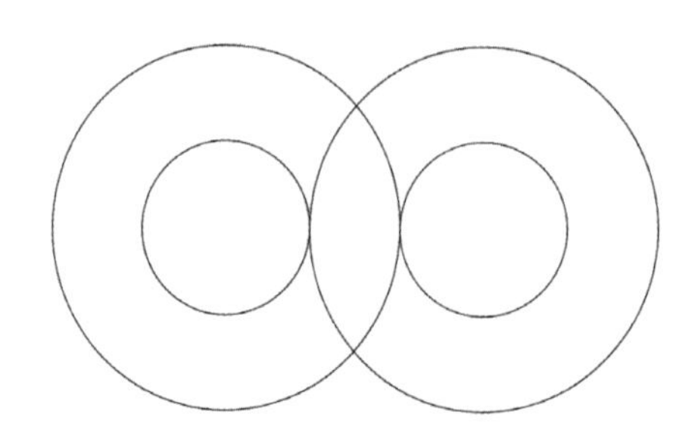

03 将圆环转化为曲线，使用“弧形工具”，再单击画好的圆弧，将两个圆形的连接处合并形成一个流畅的环形回路。

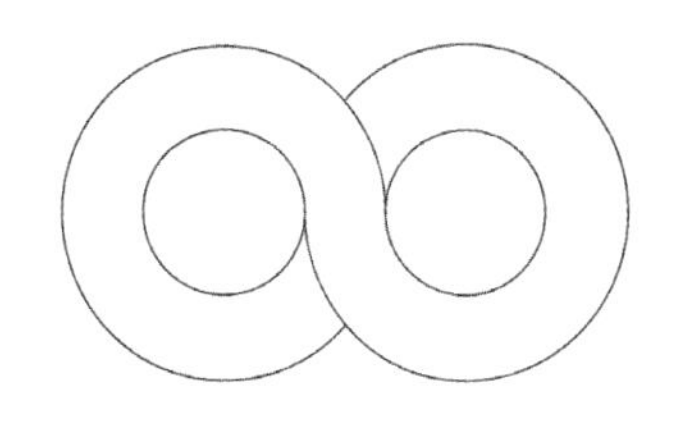

04 按住Ctrl键，增加两条竖线与圆形相交。使用“对象>造型>修剪”工具，将竖线与圆环交汇的区域修剪掉。

TIPS

两条竖线的间距与圆环的环宽相等，这样制作Logo才规范，有一个确定的数值和形状有利于之后应用设计与执行工作的开展。

05 确定好Logo的标准形态后，将线条加粗到3.0mm。

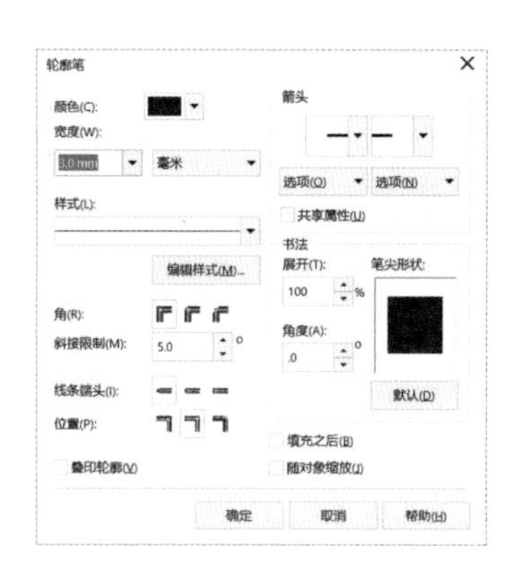

06 规范Logo形状 确定好Logo的最终形态和线条宽度后，将轮廓转换为对象。

07 合并图形与图形之间的相交点，使图形变得规范和连贯。

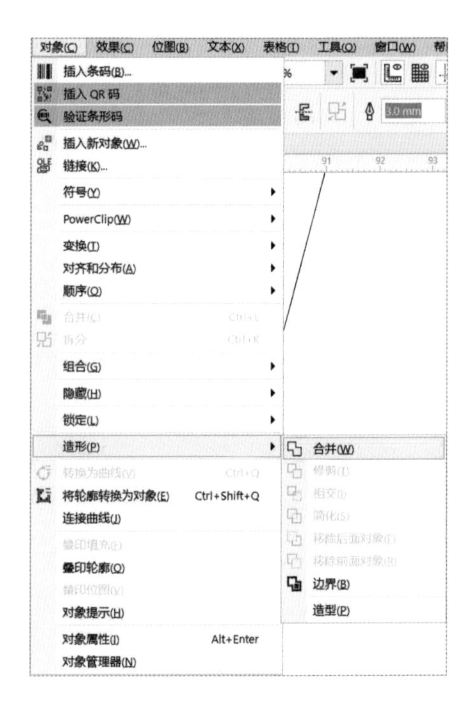

08 恢复为普通视图，查看后再进行反复的调整，最终确认图形。

09 选中图案，将轮廓转化为对象，使用“刻刀”工具修改图案。

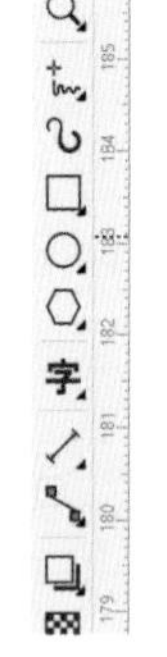

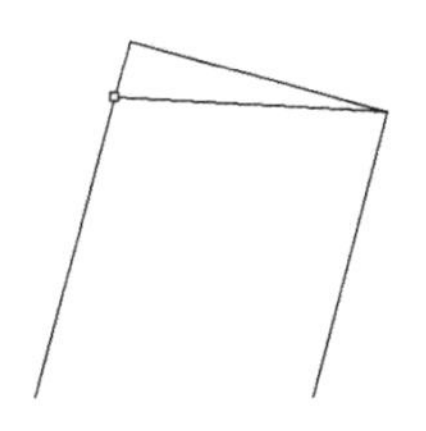

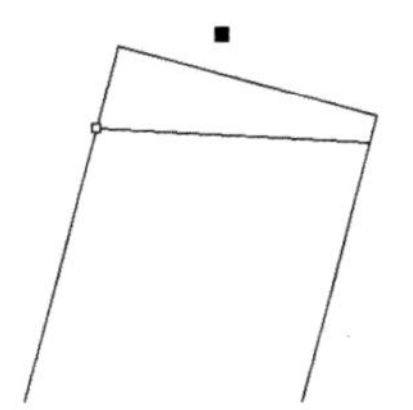

10 将视图调为普通，查看修改情况，检查外形。

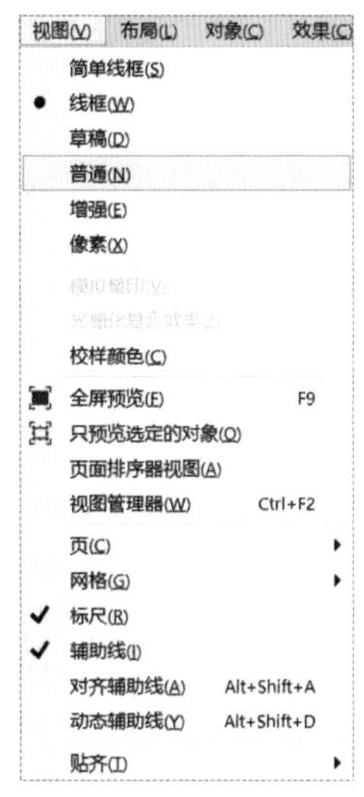

11 建立背景轮廓 选择图像，选择“轮廓图”工具建立一层轮廓，调整Logo的颜色。

12 建立多层轮廓 选择上一步骤制作出来的轮廓，继续重叠，修改对象加速使每一层的距离相等。

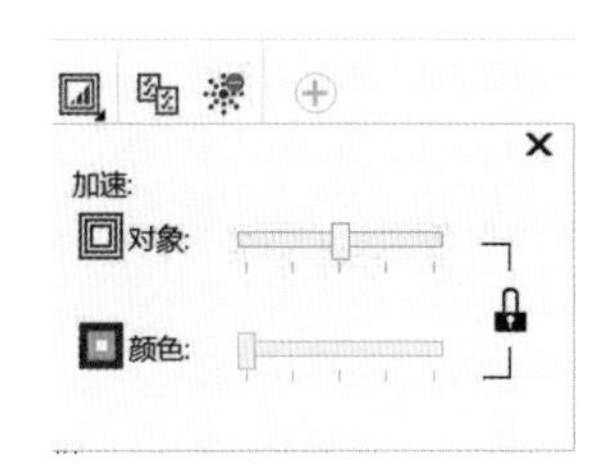

13 填充颜色 鼠标右键拆分图层（取消组合对象快捷键Ctrl+U）后填充每一层的颜色。

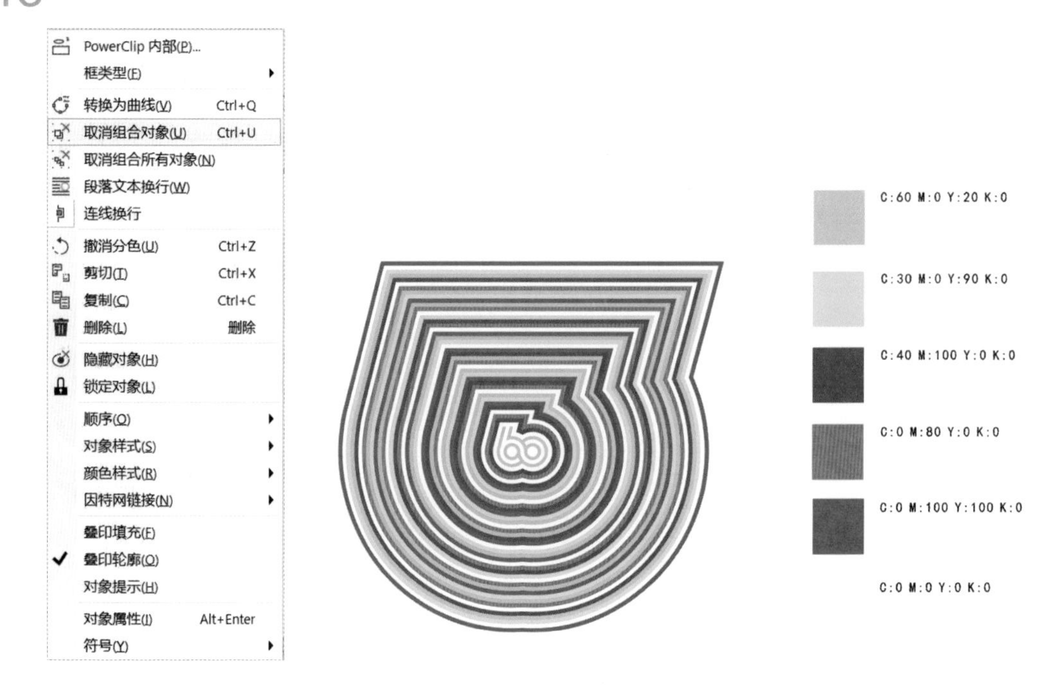

14 整理画面 将素材剪裁到合适的尺寸。

裁剪工具
移除选定内容外的区域。

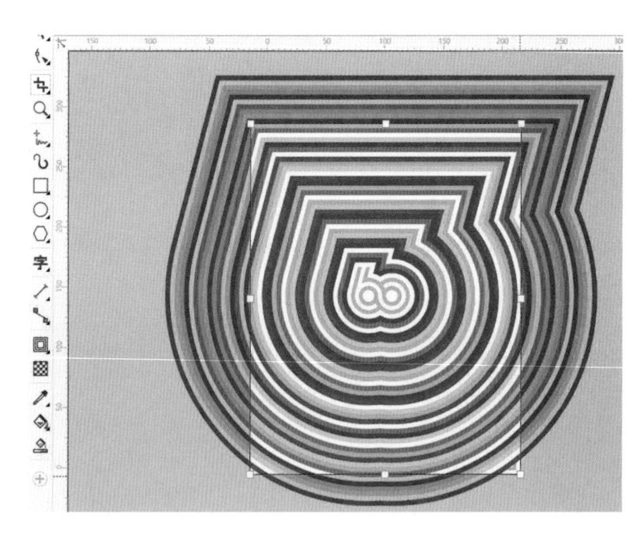

15 添加Logo角标 将学校的标识放置上去。

重庆交通大学 1951-2011建校六十周年
60th ANNIVERSARY OF CHONGQING JIAOTONG UNIVERSITY

TIPS

在放置角标时候应该注意放置的地点和大小，应与画面产生和谐感。

16 完成效果如图所示。

7.2.1　对比分析

Before

After

- 初稿的设计虽然中心图案是60，但向外扩散的线条构成了一个封闭的图形，像迷宫一样，给人以不好的意向。
- 初稿的图案与配色虽然醒目，但颜色单一，缺乏细节，可读性不强，显得呆板。
- 修正后的海报打破了数字60向外扩散的形式，以出血的形式来表现无限向外发展，开放的心态和意向。
- 修正后的海报色彩搭配丰富，具有活力，体现了60周年校庆的喜悦，具有很强的视觉冲击力，让人印象深刻。

7.2.2 案例分析与心得

该海报设计是基于60周年校庆的视觉形象标识而展开的，通过对数字60的图形设计来表现学校办学的60年风雨历程，道路又是交通大学学科建设的基础，将二者图形同构是最好的诠释方法，所以该方案一致得到校领导的认可。 校庆的宣传海报与60周年标识的视觉一致，也是体现设计的统一性和可延展性。所以，选择准确的表现形式来诠释海报的主题是设计的关键。另外，通过具有冲击力的视觉语言来表现，也是吸引受众的手段。

7.3 品牌推广海报设计

设计背景：

荔波，地处黔南边陲，山川秀丽，气候宜人，物产丰富，作为世界自然遗产地，拥有其核心价值，即原生态风物、喀斯特地貌、非物质文化遗产和丰富的民族艺术。荔物正是基于其自然生态和人文风俗两方面的专属特性而创立的全新旅游文创品牌。

设计关键词：手绘工具、网状填充工具、填充工具

本案例选取系列海报中的一张作为范例，使用了CorelDRAW的“填充工具”和“手绘工具”绘制图形颜色，并通过“网状填充工具” 对图形的立体度进行调整。

荔物_品牌推广海报/ 设计师_严一通/ 运用CorelDRAW来绘制工笔形式的数字插画海报，既传统又现代，也非常符合该品牌的视觉形象定位。

制作标志图形

01 新建文档 执行“文件>新建”菜单命令创建新文档。

02手绘描摹 手绘青梅黑白图案进行扫描上传。

03将扫描的图片导入新建文档，用鼠标右键单击图片，在弹出菜单中选择“快速描摹”命令。

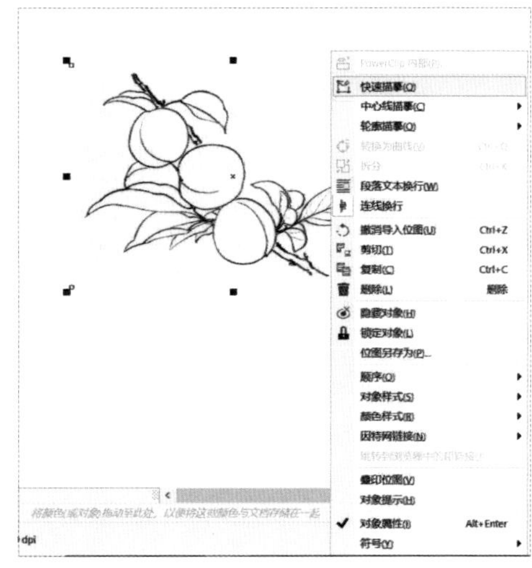

04右键单击描摹完的图像，在弹出菜单中选择“取消组合对象”命令(组合对象的快捷键为Ctrl+L，打散对象的快捷键为Ctrl+U)，并将黑色的线稿拖出描摹图像备用。

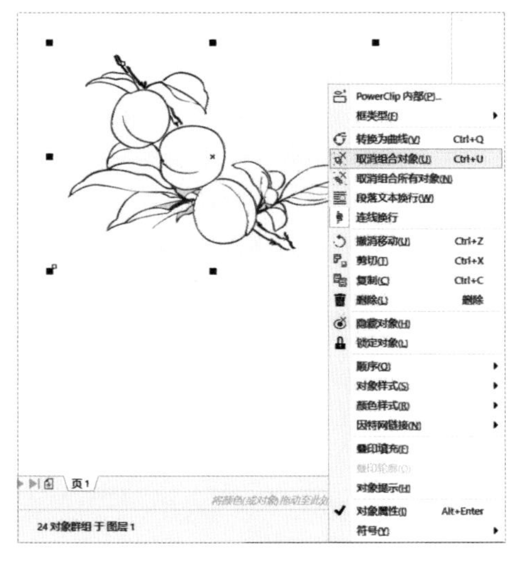

05 调整线稿，用形状工具删除不必要的笔画和节点，并调整图像外轮廓线。

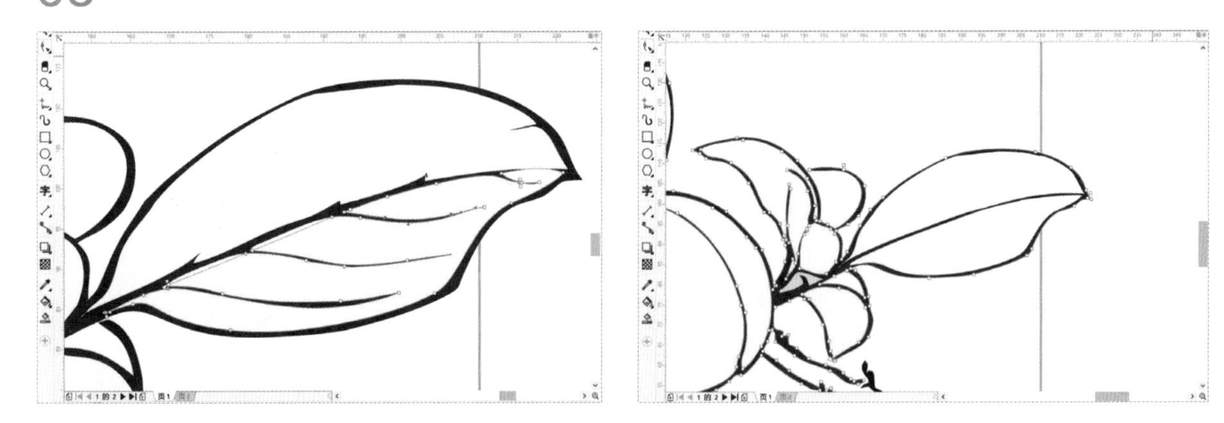

TIPS

鼠标双击节点可删除该节点。整理不需要的节点会使得画面更加干净，作图更加规范，有利于以后的修改。将对象转化成曲线的快捷键为 Ctrl + Q。

06 上色 通过填充工具填充一个底色。

07 使用填充工具再单击渐变效果，选中图形叶子的部分进行填充，调整渐变区域的两端颜色。

TIPS

注意，靠近叶子根部的颜色较深，外部则较浅，这样能塑造叶子的体积感。

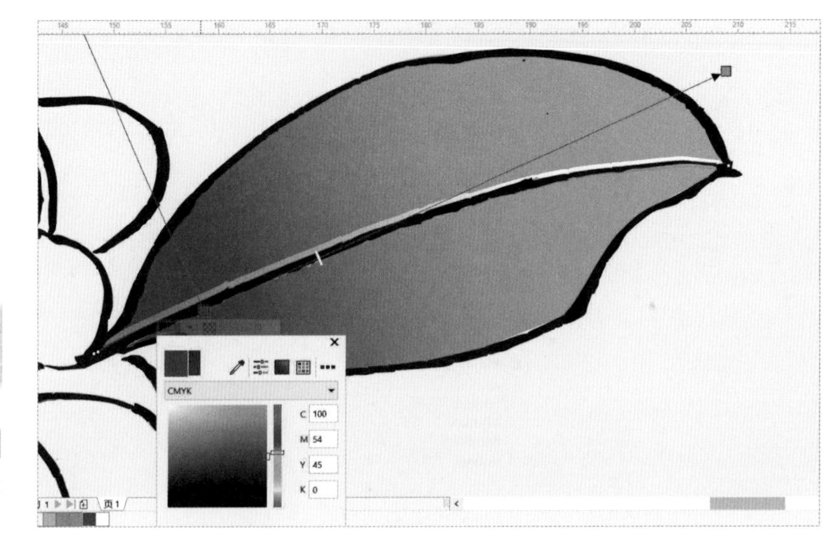

08 用鼠标右键单击渐变区域的颜色框，通过调整渐变区域的透明度来进行改变颜色。

09 增加细节阴影 通过“网状填充工具”填充图形。复制图像的图层并拖出（这样更有利于网状填充），单击图像增加图形的辅助线。

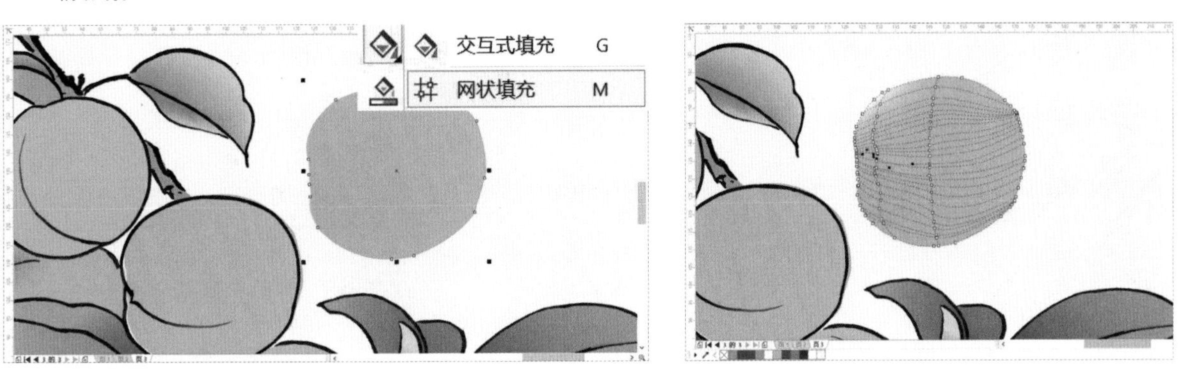

10 用“填充工具”填充区域颜色，为有阴影的区域加深颜色，为没有阴影的区域填充白色。

11 使用透明度工具，将图形的透明度更改为26，然后将刚刚做完的阴影部分放置上去使其重叠，做出果实的阴影效果。

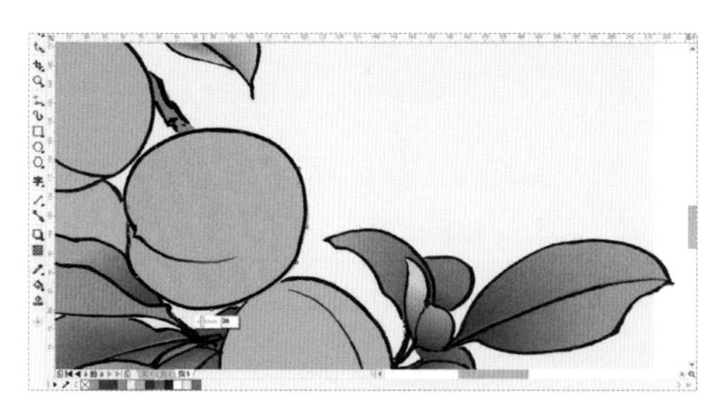

TIPS

记得将阴影图层放置在底色图层的后一层，阴影色从底色后面透出来会显得更加真实，更突显效果。这种重叠图层的方式适合制作较有体积感的图形。将对象放在前面的快捷键为 Shift + Pgup，将对象放在后面的快捷键为 Shift + Pgdn。

12 为了增加青梅图形的色彩细节，将该图形复制后拖出，并使用“填充工具”填充颜色，然后使用“透明工具”设置透明度为26，最后将叠加的色块与青梅图形合并。

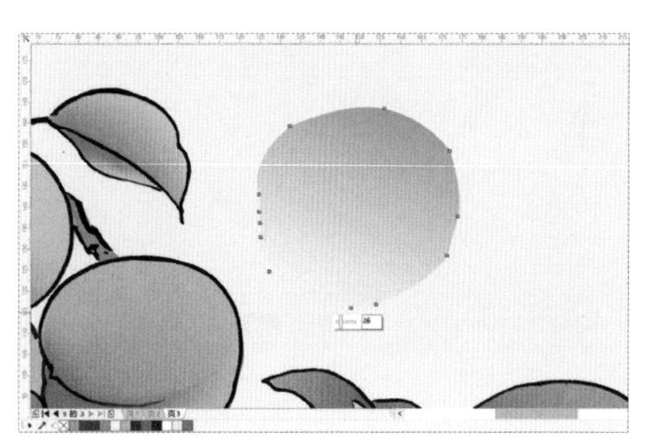

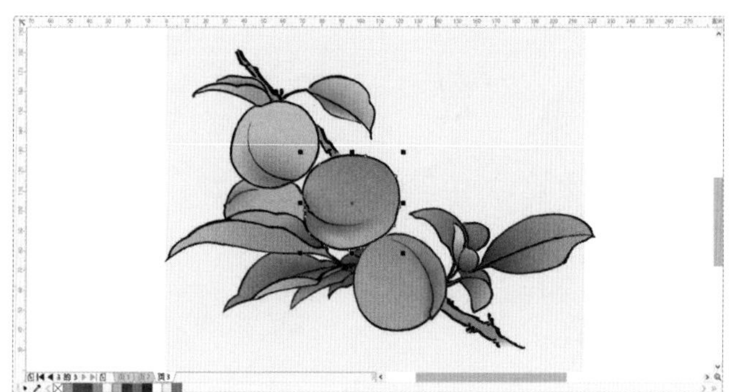

13 整理画面 将品牌标志、产品标牌印章和品牌广告语等素材与视觉主图案进行图文编排，即可完成海报的设计。

7.3.1　对比分析

Before

After

- 初稿的设计元素和修正后的设计元素都是一样的，问题在于初稿的图文编排出了问题。
- 初稿的品牌标志放置在右上角，背景大面积留白，整个画面比例失衡。
- 初稿的产品标牌不够醒目，没有突出主题。背景色彩太深，没有烘托主视觉的美。
- 修正后的设计，图文布局合理，版式为中轴对称，产品推广主题鲜明，背景色彩淡雅。

7.3.2　案例分析与心得

“荔物”品牌的最初策划、品牌命名、VI 设计和广告推广都由笔者全程参与，工作周期持续近半年，见证了品牌的孕育到初生。作为地方性的旅游文创品牌，将在地文化、地方特产和民族特色融入到品牌中，并通过视觉呈现出来，花费了很多心思和努力。本节呈现的海报设计是在我们已完成“荔物”的整体 VI 后，再进行的工作。这一系列海报很好地表达了品牌的精神，将甄选的地方特产以工笔插画的形式呈现出来，与品牌诉求达成一致，给受众回归初心的感觉。

7.4 课后练习

学习了有关海报设计的内容和要求，并讲解了海报实例，大家对如何利用 CorelDRAW 进行原创的海报设计有了认知。除了对软件功能的熟悉以外，尝试不同题材类型的海报创作也是练习的一种方式，只有常加练习才能把心中的创意给表达出来。

7.4.1　品牌推广海报设计

自由选择一个运动类品牌，依据品牌最新的产品和推广策略创作系列海报。

7.4.2　活动海报设计

选择一个音乐节、电影节、马拉松、美食节或时装周等公众活动，根据活动的主题进行主题视觉和活动推广海报的设计。

合茶

第08章

CorelDRAW之包装设计

在注重品质生活的今天，包装是体现产品质量的外在形式，是实现商品价值和提升附加值的手段，在推广、展示和销售领域中发挥着极其重要的作用，是企业品牌化设计中的重要环节。随着人们生活水平和物质条件的提高，对包装的设计提出了更高的要求。如今，包装作为一门综合性学科，具有商品和艺术相结合的双重性。

本章将向读者介绍有关包装设计的相关知识，并通过产品包装案例的制作分析，讲解在CorelDRAW中设计制作包装的方法和技巧。

8.1 包装设计知识

广义的包装设计涵盖的内容非常广泛，比如包装设计材料、结构、造型和印刷工艺等诸多要素。包装设计除了要遵循平面设计的规律以外，还要反映出商品信息、产品形象等。一个成功的包装设计应能够准确反映商品的属性和档次，并且构思新颖，具有较强的视觉冲击力。我们这里提到的包装设计侧重于如何使用 CorelDRAW 来完成包装的图形绘制、版式设计和盒子模型的制作。

8.1.1 包装设计的形式

包装的形式多种多样，依据其概念和内容可以分为内在形式和外在形式。包装设计的造型与结构是包装设计的内在形式，包装设计的图形、文字、色彩、材料和印刷工艺等是包装设计的外在形式。

皖茗序_茶叶包装设计/ 设计师_万维煌 / 指导老师_刘第秋 / 徽派建筑粉墙黛瓦元素与茶叶包装盒结构的共用，形成具有地域文化代表的创新包装设计。

内在形式

即指包装的造型与结构，是形成包装实体和实现包装功能的重要环节。包装结构与产品造型相互依存，需要增强安全性、便利性和突显产品特性。结构设计作为包装设计的内在形式，在讲求“审美性”同时，需讲究其“适应性”，即根据不同产品特点，选择与之相适应的造型。

皖茗序_茶叶包装设计/ 设计师_万维煌 / 指导老师_刘第秋 / 茶包的形态巧妙与徽派建筑元素结合，既新颖又饶有趣味，让人印象深刻，会心一笑。

外在形式

首先，包装的外在形式要在其内在形式表达的基础上，从突显产品的角度出发，进一步揭示产品的内涵，对产品做进一步解读；其次，对材料、排版、色彩和印刷工艺需要全面地考虑和设计。文字、图形和色彩作为商品包装设计的构成元素，不仅起着美化商品包装的作用，而且在商品营销过程中也起着不可忽视的营销功能。

8.1.2　包装设计的分类

现代产品包装种类繁多、形态各异，用途和外观也各有不同。为了区别与更好地学习设计，我们对商品包装设计做如下分类。

按产品形态分类

分为独立包装、内包装、集合包装和外包装等。

荔波风猪外包装设计/ 设计师_廖诗怡 / 指导老师_刘第秋 / 将原创的插画应用到独立外包装上，个性鲜明又突出产品，让人产生购买欲望。

按包装材料分类

分为纸质、木制、塑料、金属、瓦楞纸、玻璃和陶瓷类包装等。

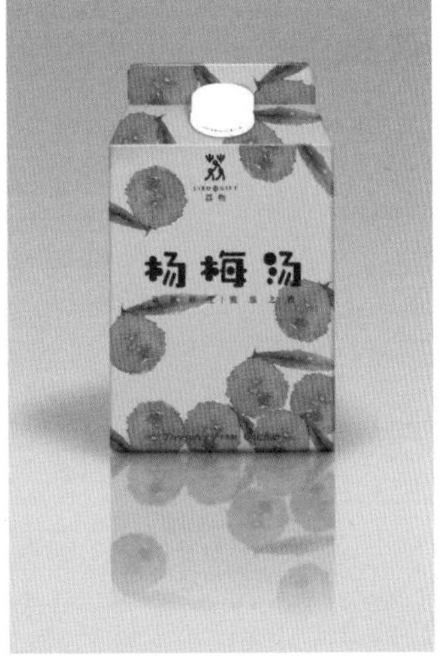

荔物产品包装设计 / 设计师_陈雪峰 / 指导老师_刘第秋 / 不同的包装介质、材料和外形对包装设计的风格有不同的要求。

按包装方法分类

分为防水包装、防锈包装、防潮包装、开放式包装、密闭式包装、真空包装和压缩包装等。

“春花秋实”蔬菜包装设计 / 设计师_陈欢 / 依据产品的属性进行包装材料的选择非常重要。

按包装产品分类

分为食品包装、药品包装、纤维织物包装、机械产品包装、电子产品包装、危险品包装、蔬菜瓜果包装、花卉包装和工艺品包装等。

“蛋萌”鸡蛋包装设计 / 设计师_向菲 / 通过专属的卡通IP形象和品牌色彩来进行包装视觉的统一和规范。

按包装作用分类

分为流通包装、储存包装、保护包装和销售包装等。

青城山茶叶包装设计 / 设计师_陈雪峰 / 一款针对年轻人的茶叶包装，通过专属的卡通IP形象、插画和品牌色彩来进行包装视觉的统一和规范。

8.1.3 包装设计的要求

商品包装设计要有专属性和排他性，既能避免与同类商品雷同，又能体现品牌特色。包装设计要针对特定的购买人群，在原创性、新颖性和指向性上考虑和设计。以下是商品包装设计的要求。

统一的视觉形象

设计同一系列或同一品牌的商品包装时，在图案、字体、版式和造型上应给人以统一的视觉形象，以体现该产品的品牌感、整体感和系列感，也可通过颜色的差异来细分出系列产品各自的不同，但它们都属于一个品牌。

“山城蜜”蜂蜜包装设计 / 设计师_李杨 / 以系列的插画和色彩系统来体现该产品的品牌感、整体感和系列感。

匹配的包装造型

包装的外形设计必须从其内容物的形状和大小，商品文化层次，价格档次，以及消费客群等方面进行综合考虑，做到外包装设计与内容物形式上的统一，符合目标消费者的购买心理，使其产生商品认同感。如高档次、高消费的商品的包装设计应独特、高雅，而大众化的商品则应符合大众审美和消费心理。

“合茶”品牌茶叶包装设计 / 设计师_何丰沂 / 将传统的梁平年画元素貔貅和龙的形态进行提炼和再设计，应用到各类别的茶叶包装上。

创意的图形设计

图形设计内容包括品牌形象、产品形象、使用示意图和装饰插画等多种形式。图形设计的信息传达要准确、独特，与产品的属性吻合。包装设计的图形设计分为具象、抽象两种类型，具象图形容易使消费者直观地了解产品内容，而抽象图的形式感强，通过抽象或装饰性的纹样和图案可以表现商品的特点和文化内涵。

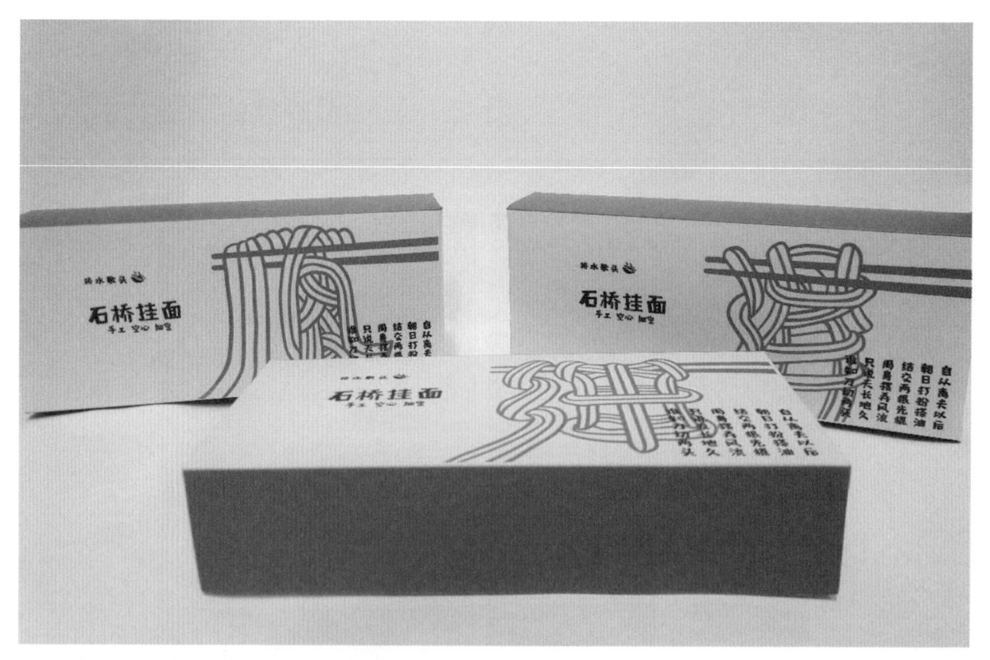

“桥水歌头”石桥挂面包装设计 / 设计师_梅瀚饶 / 指导老师_刘第秋 / 结合石桥挂面“细”“滑”“顺”的产品特点，以新颖趣味的汉字图形来表现，设计准确又富有创意。

规范的字体与版式

依据商品的销售定位和广告创意要求对包装进行字体设计和版式设计，同时还要根据国家相关商品包装设计的规定，在包装上标识出应用的产品说明文字，如商品的成分、性能和使用方法等，还必须附有商品条形码。

杨梅汤饮料包装设计 / 设计师_王美茹 / 指导老师_刘第秋 / 依据品牌的定位和风格进行品牌相关产品的专属字体设计，既体现产品属性，又能吸引消费者产生购买欲望。

协调的色彩搭配

依据商品的属性和分类，不同商品包装的色彩搭配各不相同，但都要符合顾客在日常生活中所积累的色彩识别经验，从而产生视觉心理认同感，完成购买行为。

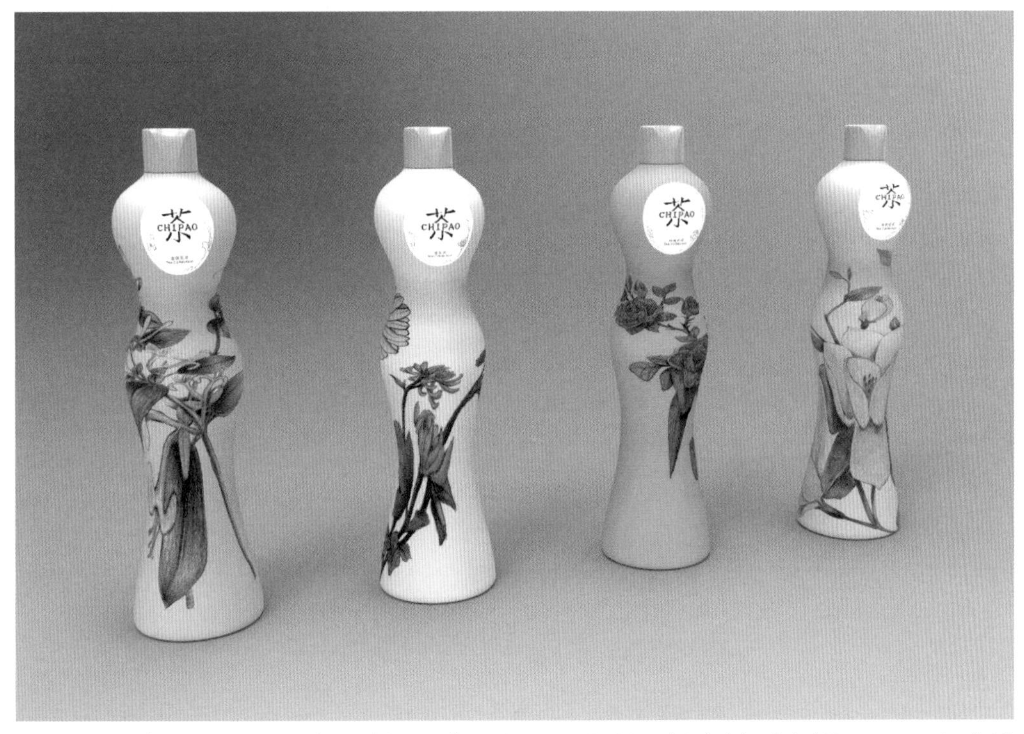

CHIPAO果茶包装设计 / 设计师_陈雪峰 / 指导老师_刘第秋 / 依据旗袍风格的瓶形进行系列产品色彩的搭配，匹配不同口感的茶饮，让消费者产生品牌认同和购买欲望。

8.2 纸巾包装盒设计

设计背景：

“傲椒熊”成都冷锅串串是笔者进行《品牌形象设计》课程教学，指导学生完成的课程作业之一，学生参与了从设计草图到包装成品制作的全过程，对如何进行包装设计展开图的制作和规范设计有了基本的认知和能力。

设计关键词：矩形工具、轮廓笔、文字转曲

本案例中使用了CorelDRAW的“矩形工具”和“轮廓笔”工具，并通过“转换为曲线”命令将文字转换为图形，最终规范的完成纸巾盒的展开图设计。

制作包装结构图：

01 新建文档 执行“文件>新建”菜单命令创建新文档。

02 制作包装盒展开图 依据预先设定的纸巾盒尺寸（长为210mm，宽为115mm，高为60mm），使用“矩形工具”绘制出各个面的展开图。

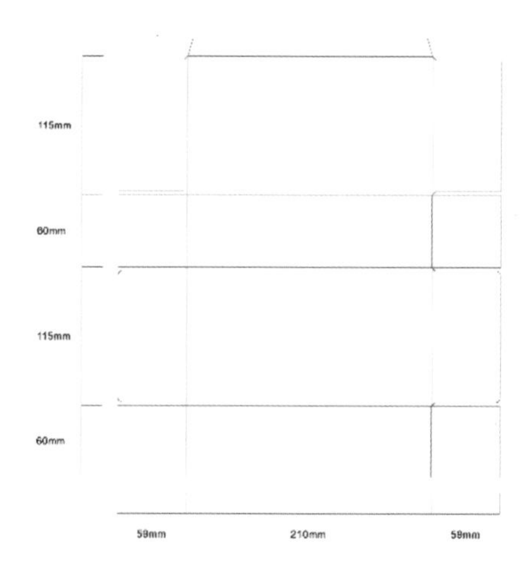

03 接着，选取对象进行底色填充（C:15，M:100，Y:100，K:0）。

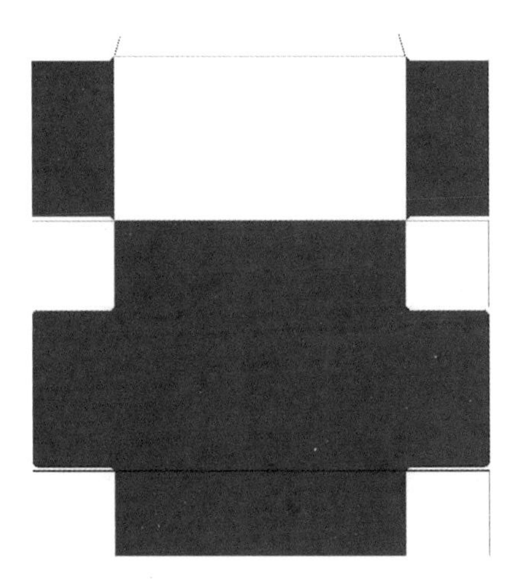

04 使用“手绘工具”对纸巾盒进行开槽区域的绘制，单击界面右下角的“轮廓笔”图标，在弹出的对话框中选择虚线来表示齿状裁切线。接着，将文字素材置入到该展开图的各区域，需要注意展开图中文字和图形编排的正反方向。

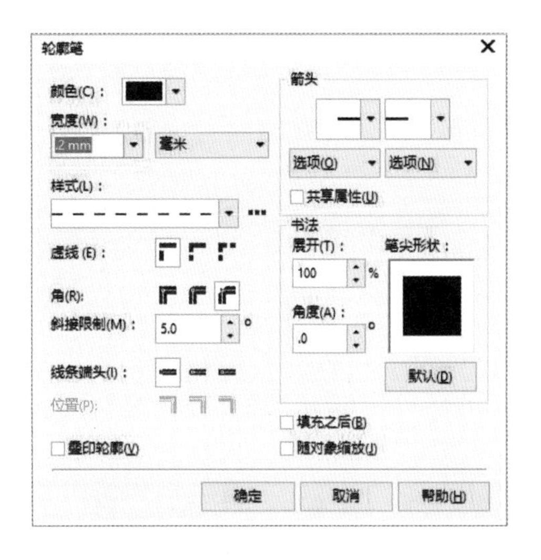

C: 0 M: 0 Y: 0 K: 100 .200 mm

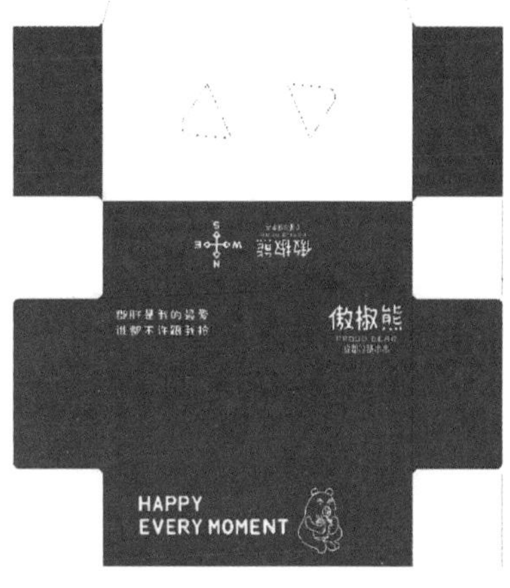

05 然后，将视觉主图形放置于中心区域，与文字进行组合编排。最后，将确定无误的文字进行“转曲”，即完成该纸巾盒的展开图文件的制作。

TIPS

在交付制作文件给印刷厂制版之前，务必对文件的图案细节、色彩值和文字属性进行严格、认真的检查，尽量规避印刷时产生的失误。另外，纸板是用做包装的主要材料，易生产和加工，适合印刷工艺。后期对纸盒进行覆（光、亚）膜、过UV、烫金银或凹凸印等印后工艺，可以提高包装盒的品质。

8.2.1 对比分析

该纸巾盒的设计是学生制作完成的实例，通过实践掌握了如何将包装效果图制作为展开图文件，交付印刷厂完成制作的全过程，但在图文的编排上还有欠缺的地方。

Before

After

- 初稿的卡通吉祥物虽然醒目地占据了版面的二分之一，但忽略了纸盒的中心区域有开口槽，当消费者在使用时，卡通吉祥物的面部会被截掉，不利于形象的传播。
- 初稿的纸巾盒底色选用的是大红色，虽抢眼，但容易让人产生视觉疲劳，且大红色不是品牌的专属颜色。
- 修正后的设计，3个吉祥物从小到大排列组合增强视觉记忆，同时又避开了纸巾盒的开口区域，保持了视觉的完整性。
- 修正后的设计，主色大红色中加了15%的蓝色，使得红色能够沉下来，配色协调、耐看。

8.2.2 案例分析与心得

大家在运用CorelDRAW进行包装设计时，要学会立体思维，即在制作包装展开图时，需要考虑最后立体成型的效果，在图文编排时要考虑正反方向，以及比例关系和配色。另外，值得注意的是，如何运用线形来标注出包装的各个区域采用什么样的裁切工艺。

线 形	线形名称	规 格	用 途	
	粗实线	b	裁切线	
	细实线	1/3 b	尺寸线	
	粗虚线	b	齿状裁切线	
	细虚线	1/3 b	内折压痕线	
	点划线	1/3 b	外折压痕线	
	破折线	1/3 b	断裂处界线	
	阴影线	1/3 b	涂胶区域范围	
	方向符号	1/3 b	纸张纹路走向	

8.3 茶叶包装盒设计

设计背景：

该实例是学生依据地方特产的调研和分析完成的一套毕业设计作品。该作品以梁平的甜茶作为品牌包装的产品，将梁平的传统年画与中国神话中的貔貅和龙的形态进行结合和再设计，应用到各类别的茶叶包装上。地方性的视觉文化呈现在梁平的特产上，使得该产品既有文化内涵又新颖独特。

设计关键词：矩形工具、圆角工具、透视工具、PowerClip

本案例中使用了CorelDRAW的“矩形工具”“圆角工具”和“透视工具”绘制包装盒展开结构图，并通过PowerClip将图形置入框内，接着进行图文编排，完成设计。

“合茶”品牌茶叶包装设计 / 设计师_何丰沂 / 对传统的梁平年画元素貔貅和龙的形态进行再设计，并应用到茶叶包装上。

制作包装结构图：

01 新建文档 执行“文件>新建”菜单命令创建新文档。

02 制作包装盒展开图 该茶叶包装是套盒设计，所以需要分别绘制外盒和内盒的展开图。依据预先设定的外盒尺寸（长为118mm，宽为76mm，高为35mm），使用“矩形工具”绘制出各个面的展开图，接着再使用“矩形工具”设定出内盒尺寸（长为145mm，宽为73mm，高为32mm）。

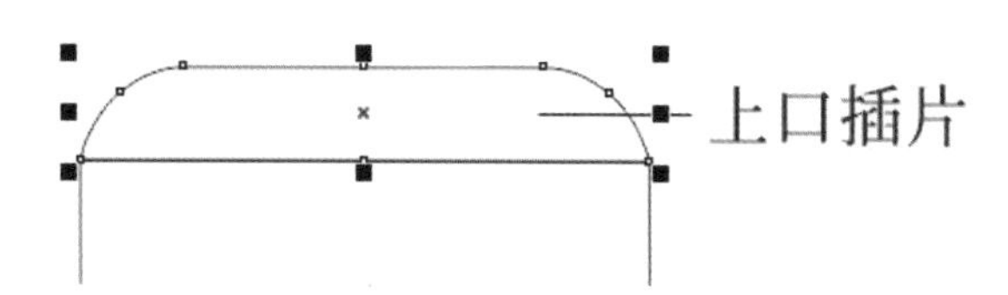

03 这里需要提到的知识点是展开图的“上口插片”和“下口插片”的边缘圆角需要使用“圆角工具”，设定矩形上端两头圆角值为100。

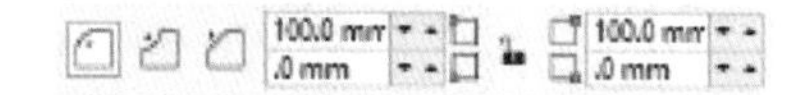

04 另外，包装盒展开图的“防尘摇翼”的边缘需要使用“效果>添加透视”命令来完成。

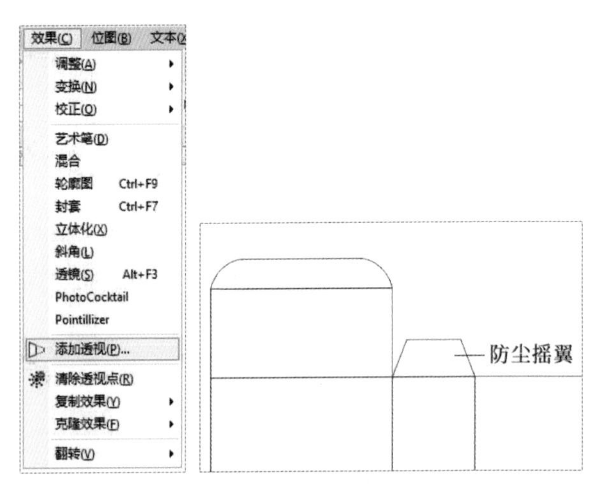

05 将包装盒的各个组件拼合在一起，即完成了外盒和内盒的展开图绘制。

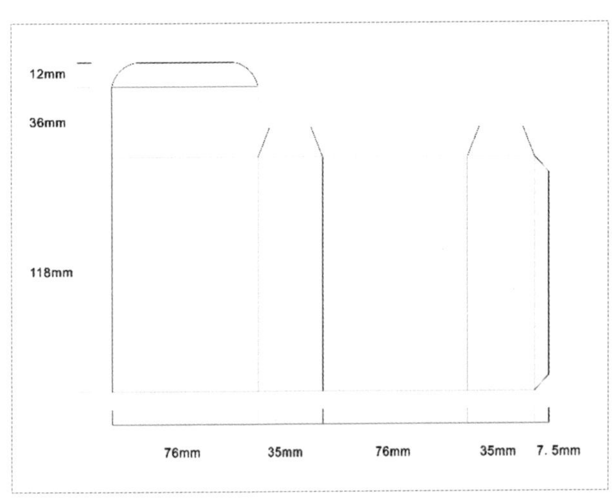

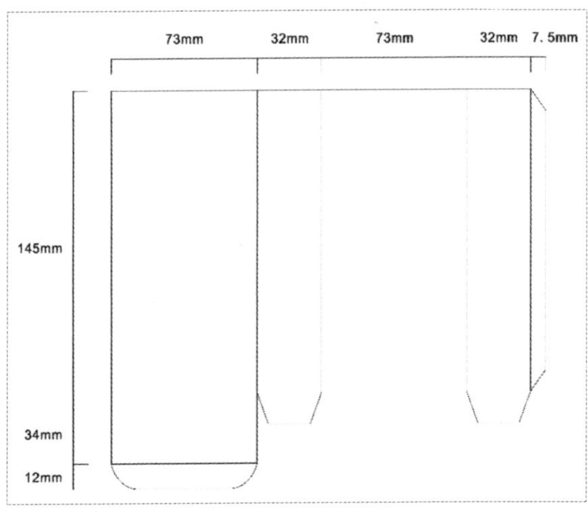

TIPS

外盒尺寸和内盒尺寸的大小需要特别注意，依据纸张的厚度，一般会把内盒的宽度和高度缩小 3mm，以便外盒能够套上。

06 然后进行中心图形“神兽”的创作，并使用菜单栏的“对象 > PowerClip > 置于图文框内部”命令，将该图形置入。

07 接着进行包装盒图文元素的设计和编排，文字检查后无误或不再更改后，可按快捷键Ctrl+Q进行转曲。

产品名称：梁平甜茶（多穗石柯红茶）
原　料：野生多穗石柯嫩芽
净含量：30克
产　地：重庆市梁平区龙胜乡
生产商：重庆合茶茶业有限公司
生产地址：重庆市渝北区黄龙街道8号
生产许可证编号：QS5301 1401 0994
产品执行标准：GB/T 22111-2008
储存条件：避光防潮，与异味隔离
保质期：在符合条件下，宜长期保存
生产日期：2018年4月
采摘时间：清明前
加工工艺：杀青、揉捻、烘焙
储存条件：避光防潮，与异味隔离
温馨提示：小孩及孕妇谨慎饮用
联系方式：

08 将以上元素置入展开图中，与视觉中心图形完成版式的编排，即完成了包装的外盒设计。

09 运用以上同样的操作命令（菜单栏的“对象 > PowerClip > 置于图文框内部”命令），将龙纹图案置入内盒的展开图中，即完成了包装的内盒设计。

8.3.1　对比分析

Before

After

- 初稿的底色为黑色，虽起到突出主体视觉的作用，但作为外盒与绿色的内盒的色彩搭配不协调，且黑色太过深沉，不易吸引消费者产生购买行为。
- 修正后的底色为白色，画面色彩协调，主体视觉依然醒目，与绿色的内盒搭配也很协调，符合大众对茶叶产品包装的视觉认同感。

8.3.2　案例分析与心得

该设计作品很好地将地域文化和地方风物进行了有机的组合。首先，将非物质文化遗产的梁平年画元素貔貅和龙等形态进行提炼和再设计，在视觉、纹样和配色上显得独特、丰富又符合时代审美。值得一提的是，这些通过CorelDRAW的软件辅助设计的神兽图案具有很强的装饰意味，色彩丰富又有耐看的细节。其次，将梁平特有的甜茶进行品牌化的包装，赋予了新的品牌命名“合茶”，将这些充满吉祥寓意的神兽的图案作为视觉主体呈现在茶叶包装上，既传统又时尚。

8.4 课后练习

通过以上包装设计案例的剖析与讲解，大家应该对包装设计的要求和规范有了大体的了解，对如何绘制包装结构展开图有了基本的认知。下面，我们通过完成如下包装设计来训练自己对软件的操作能力、包装设计的创新能力。

8.4.1 快消品包装设计

快消品，快速消费品（Fast Moving Consumer Goods，FMCG）的简称，是指那些使用寿命较短，消费速度较快的消费品，如食品、个人护理用品、烟草、酒类和饮料等。之所以被称为快消，是因为它们依靠消费者高频次和重复的使用与消耗、通过规模的市场量来获得利润和价值。该课题作业以快消品为大类，选择可降解的环保包装材料进行相应的包装环保创新的设计。

8.4.2 手提袋设计

手提袋是产品包装的基本载体。2017 年日本三越伊势丹百货就曾以圣诞节促销活动的形式推出了可折叠变形的购物袋“#oruorubag”，其创意独特，又改变了常规意义上对手提袋的认知。该课题作业籍由此为启发，打破常规，创作各类形态的手提袋。

陌生人海派火锅餐厅
Shanghai Style

第09章 CorelDRAW之VI设计

VI即视觉识别的英文缩写，VI设计主要是针对品牌视觉设计而言的，是由品牌的识别性打造的专属视觉形象设计。消费者通过产品直观的品牌VI形象对产品外观、品质和价格做出认知和判断。在竞争激烈的市场经济环境下，产品越来越同质化，这无疑增加了消费者对产品辨识和记忆的难度。所以专属而有效的品牌视觉形象设计可以解决这一难题，突出产品的专属特点，提高用户对产品的认知度。

9.1 关于VI设计

VI（视觉识别，Visual Identity）是以标志、标准字和标准色为核心展开的完整的、系统的视觉表达体系。将企业理念、企业文化、服务内容和企业规范等抽象概念转换为具体记忆和可识别的形象符号，从而塑造出排他性的企业形象。

9.1.1 VI设计的内容

VI 设计一般包括基础部分和应用部分两大内容。

基础部分

包括品牌名称、品牌标志、品牌色彩、品牌字体、品牌辅助图形和品牌卡通形象。

品牌名称设计_手心护肤品 / 设计师_白刚 / 以手心命名护肤产品，简要地反映了产品的中心内容，简洁的命名还可以做到方便记忆。

品牌标识设计_掌柜的店中原菜/ 设计师_白刚 / 主题图形由铺首（门环）构成，以这种具有中国特色的门环作为品牌标识能更好地体现出中原菜的纯正。

品牌色彩_城市有礼 / 设计师_刘第秋 / 标识主题采用红色，使第一视觉感知是中国传统印章，象征该品牌植根于中国传统文化，具有古朴的东方美，并传递出一份真诚的情意。

品牌字体_山间堂/ 设计师_/刘第秋 / 品牌字体设计采用对称设计，稳重、美观、大方，又符合品牌的特点。

品牌辅助图形_韵莎服饰/ 设计师 刘第秋 / 辅助图形创意来源于古典的英文花体，通过数位运算生成唯美的几何纹样，具有独特的识别语言，同时和韵莎品牌标志的典雅气质吻合。

品牌卡通形象_己予JU/ 设计师 刘第秋 / JU的卡通形象来自于品牌的标识，通过各种独特、年轻和趣味的卡通造型来提升品牌的识别度和记忆点，还能提升品牌的亲和力和竞争力。

应用部分

包括品牌商务识别、品牌包装识别、品牌环境识别、品牌服饰识别和品牌媒介识别等。

品牌商务识别_米高电梯/ 设计师_刘第秋 / 品牌商务识别涉及品牌大量的日常用具，常规如卡片、证件、联系卡、信封、信纸、便签和合同等，作为品牌形象的一个重要接触面，商务用品最能体现品牌识别的视觉统一性。

品牌包装设计_韵莎服饰 / 设计师_刘第秋 / 包装不仅有容纳与保护商品的功能，而且是非常有效的广告媒体与营销手段。

品牌包装设计_傲椒熊 / 设计师_彭柱雄 / 品牌包装的设计制作文件交付给印刷厂制作时，必须提供包装的设计展开文件，并标注印刷工艺。

品牌环境识别_陌生人海派火锅餐厅/ 设计师 白刚 / 品牌环境识别主要指的是品牌形象在建筑及展示空间中的多位体现。作为体现品牌整体形象的重要载体，环境识别是融环境功能与视觉形象为一体的形象工程。

荔波城市品牌_服饰识别方案 / 设计师 刘第秋 / 通过将城市视觉形象标志和辅助图形的延展设计在服饰上的应用，来达到宣传和推广城市形象的目的。

品牌媒介识别_巴士在线/ 设计师 白刚 / 广告宣传是形象识别传播最直接、最有效的途径之一。常用的广告媒介有报纸、杂志、海报、电视和灯箱等。虽然广告的主题和内容事先无法确定，但对于其载体、版面格式等我们仍可做相应的设定，以此来保持形象宣传的统一性。

9.1.2 VI设计的要求

如何做出优秀的VI设计？优秀的VI设计是真正追求VI的设计深度，它不只是一个好看的设计，而是一款充满艺术性的能产生实际收益的自媒体。VI设计在设计形式上不尽相同，能成为企业传播理念、提升知名度和树立形象的便捷通道，对品牌的产品而言，能提升产品的附加值。那么优秀的VI设计有什么要求呢？

原创性

原创性要的是具有原创的概念及形象，品牌识别更是如此。原创性是指识别设计产生、发展和完善的过程均应根据服务对象的具体需要来定制计划。原创性是识别设计的生命力。

掌柜的店/设计师 白刚/通过对该餐饮品牌诉求的了解和把握，以传统中国图样元素的再设计来构成品牌视觉的核心。

识别性

识别性是品牌视觉识别的基本功能。品牌的形象化竞争，说到低就是品牌差异化的竞争。优秀的品牌形象设计，其首要特征就是个性化的视觉呈现。借助独具个性的视觉符号和有效的传播方式，通过整体的规划来增强品牌的视觉识别力，塑造其独特的个性及魅力。VI 设计的应用要素系统依据行业的不同，内容不尽相同。比如，一个餐饮品牌的应用部分需要做菜单和餐巾纸盒的设计，而对于一个服装品牌则不需要。

甜品品牌_春娇与志明/设计师_白刚/通过专属的字体设计与品牌颜色来构成品牌的识别性。

规范性

视觉设计是根据品牌的整体发展需要展开的，它是品牌的发展战略、市场定位、公共关系和广告宣传等相关领域的视觉体现，是一项庞大的系统工程。为了保持对外传播的一致性与连贯性，识别设计中的各项内容在限定范围内必须保持一致标准化、统一化的规范设计，以相同的模式明晰、有序地对外传达。

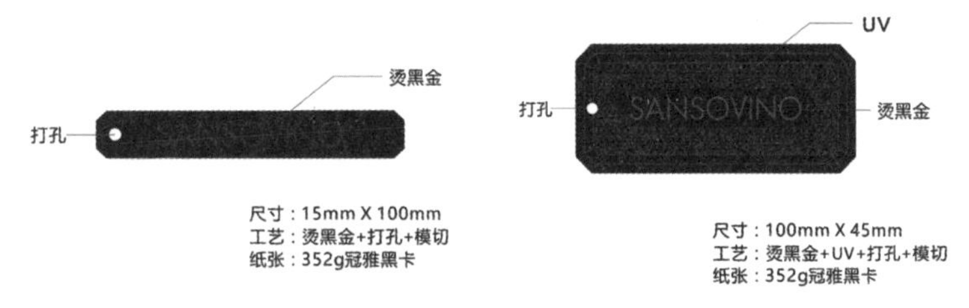

SANSOVINO时装品牌_吊牌设计 / 设计师_刘第秋 / 设计师须严谨、规范地标注好尺寸、工艺和材料，在制作时才不会出错。

设计的清单非常多，每一个单项都需要后期的实施，所以在设计的时候应该非常严谨，必须了解印刷工艺和印后工艺，才能很好地呈现设计，否则只是纸上谈兵。

9.2 商业品牌形象设计

设计背景：

韵莎服饰公司的视觉形象设计中的应用部分名片设计。

设计关键词：手绘工具、形状工具、贝塞尔工具、文本工具

正面

背面

制作名片

01 新建文档 执行“文件>新建”菜单命令创建新文档。

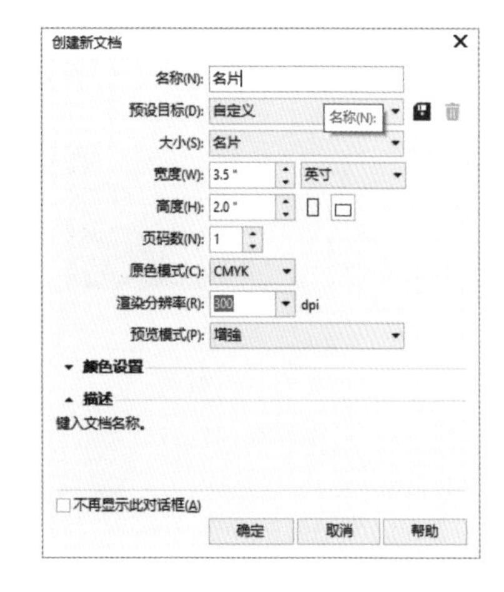

02 绘制矩形 使用“矩形工具”□，将“描边”设置为无，在新建画布中绘制矩形并设置名片大小。使用“填充工具”设置名片颜色。

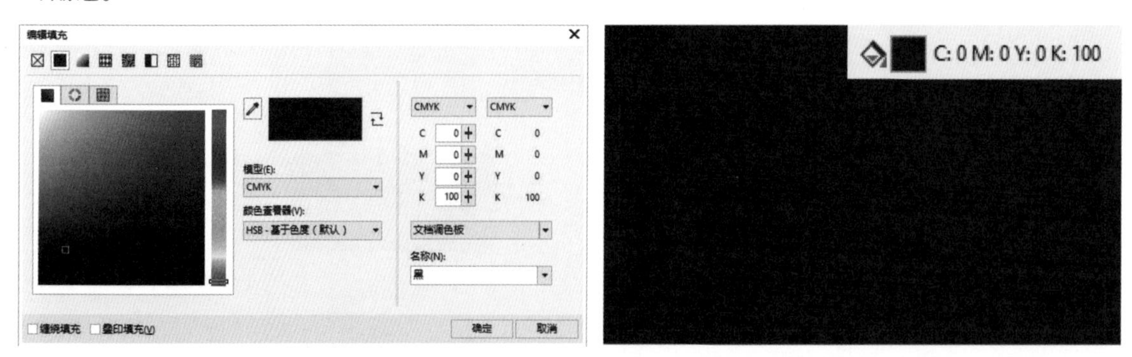

TIPS

名片标准尺寸为 90mm×54mm，加上出血上下左右各 3mm。在设计名片内容时，注意文字部分和需要保留的图片部分距离裁切线至少 3mm，这样印刷出来的名片在裁切的时候，就不会因为裁切的精度不够导致文字和图片的一部分被切掉。

03 植入Logo 辅助图形 选取制作好的辅助图形纹样和Logo，选择⧉或者直接使用快捷键Ctrl+C，将辅助图形和Logo植入名片背景中，并调整大小和版式。

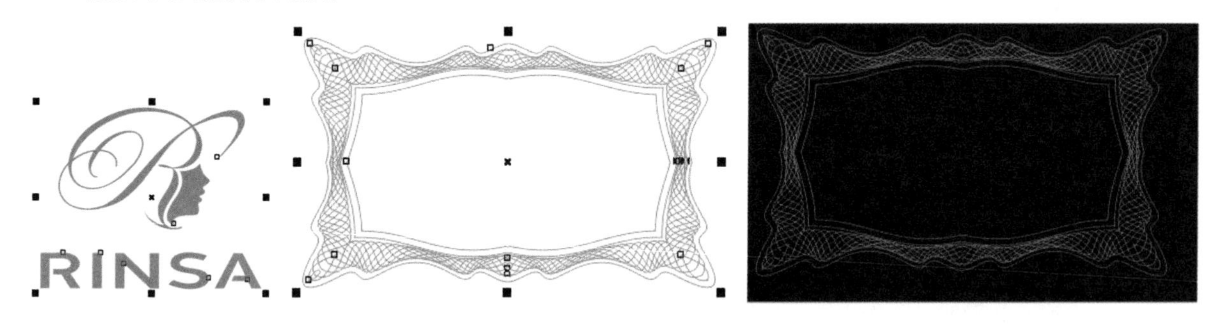

在名片制作中，名片传递的主要信息要简明、清楚，构图完整、明确，还要便于记忆，易于识别。以韵莎名片为例，该名片采用常用的横版构图，长方形的辅助图形使人的视觉往中心的Logo上集中，并且名片的正面元素不多，使画面显得整洁、利落。

04 名片背面制作 同上，先新建一个矩形图案，背面采用白色加辅助图形底纹的形式。选取辅助图形修改其轮廓颜色。

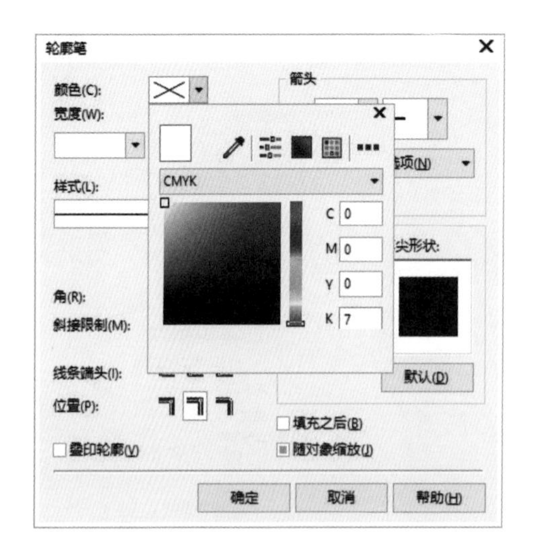

05 将底纹放入背面，接着使用横版文本框工具编辑名片信息。由于韵莎名片信息集中在背面，因此要注意文字的排布。

TIPS

在 VI 手册中应标注出相应的颜色、纸张和制作工艺。

把名字放在左边，这符合人们的阅读习惯，能让人一眼就看到名字，容易记住。字体的颜色不能太灰，和背景的对比要强。

颜色与印刷工艺

在颜色和印刷工艺的选择上要表现出与企业文化相符的气息。以韵莎为例，选择 250g 白卡纸，覆光膜，并烫金，这样的工艺能体现出名片的价值感。名片正面的黑色和金色的运用能表现出这个品牌的高贵和高质量。

9.2.1　对比分析

制作企业名片需要考虑整体布局，突出要表达的重点，画面中的所有元素都应该以此为基准进行考虑和设计，表现出与企业文化相符的气息。

Before

After

- 在初稿的设计中，名片中的元素过多，没有第一视觉中心。
- 在初稿的设计中，采用的是白色与黑色对比，普通的印刷工艺使名片看起来没有品质感。
- 初稿的 Logo 没有居中，名字信息也都集中在右边，不符合人们的阅读习惯，既不能让人一眼看到名片信息，也不能让人记住 Logo。
- 修正后的名片将 Logo 放在中心，并去掉了多余的信息，使得一眼看到的是品牌标识而不是其他信息，更加简洁并且构图也更加整洁、利落。
- 修正后的印刷工艺和颜色选择上面更加时尚，更具有品质感，能展现品牌的企业文化气息。

TIPS

印刷流程为视觉、触觉信息印刷复制的全部过程，它分为以下 3 个阶段。

印前：指印刷前期的工作，一般指图像输出、图文处理、拼版打样和打印输出等。

印中：指印刷的中期工作，通过印刷机印刷出成品的过程。

印后：指印刷后的工作，一般指印刷品的后加工，包括上光、磨光、覆膜、烫印、压痕、压光、模切、凸凹印、装订和裁切等。

名片的印刷工艺

为了使名片的设计效果更好，追求最佳的视觉感，常会应用各种印刷加工方式。常见的名片印刷工艺有以下几种。

- **上光**：名片上光可以增加美观性。一般名片上光常用的方式有上普通树脂、涂塑胶油、裱塑胶膜和裱消光塑胶膜等。
- **轧形**：即为打模，以钢模刀加压将名片切成不规则造型，此类名片的尺寸大都不同于传统尺寸，差异性较大。
- **纹饰**：在纸面上压出凹凸纹饰，以增加其表面的触觉效果，这类名片常具有浮雕的视觉感。
- **打孔**：打孔类似活页画本的穿孔，可以使名片有一种缺陷美。
- **烫金、烫银**：如韵莎名片的烫金工艺可以增加名片表面的视觉效果，这种工艺是把文字或纹样以印模加热压上金箔、银箔等材料，形成金、银的特殊光泽。虽然在平版印刷中也有金色和银色的油墨，但油墨的印刷效果无法像烫金后的效果那样鲜艳、美丽，也无法体现出较高强度的质感。

9.2.2 案例分析与心得

韵莎品牌的全案设计是笔者从事 VI 工作的早期项目，从品牌视觉形象的重塑到整体的 VI 手册完成交付甲方，工作周期持续 2 个月左右。首先，期间和客户的沟通与确定工作内容非常重要，只有详细的沟通才能确定 VI 应用的工作清单和设计报价；其次，在进行应用系统的相关设计时，必须严谨、规范地完成相应设计的制作文件，特别要注意尺寸、工艺和材料的选择，以及印后工艺的实现。必要情况下，需要设计师去印刷厂进行成品质量工艺的把控和监管。

9.3 城市视觉形象设计

设计背景：

为塑造荔波城市品牌形象，建立起一套符合其定位、突出其文化特色的视觉识别系统。举例说明此视觉识别系统中信封和手提袋的制作过程。

设计关键词：贝塞尔工具、矩形工具、导入

01 新建文档 可以直接设置信封大小，也可以设置一块大画布。

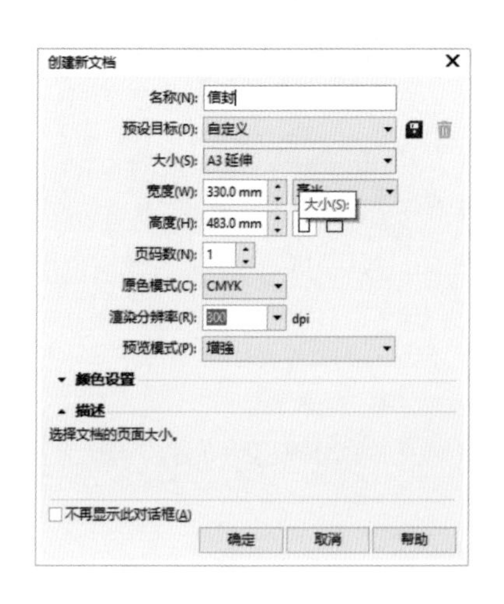

02 绘制信封外框 信封标准尺寸为220mm×110mm，可以通过“矩形工具”□绘制，设置信封大小为5号信封尺寸，并通过“贝塞尔工具”画出信封的上半部分。

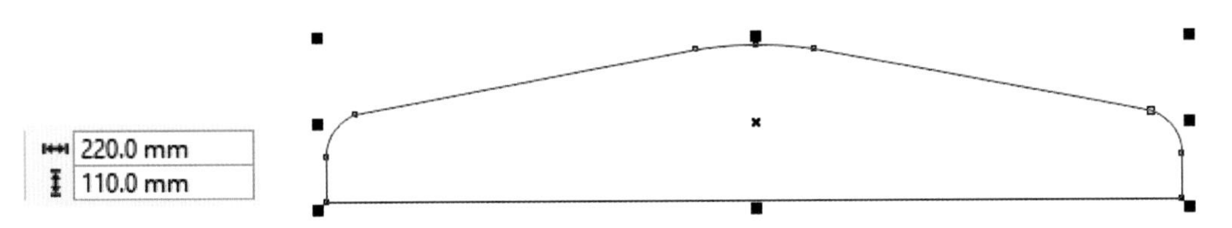

03 绘制信封封面 使用“矩形工具”□绘制6个矩形，尺寸为7mm×8mm，外轮廓宽度为0.8mm，彼此的间距为1.2mm，最左边的矩形距离信封左边12mm，距离顶边9mm。使用“矩形工具”□绘制两个矩形，尺寸为20mm×20mm，轮廓宽度为0.4mm，间距为0。选择左边矩形按快捷键Ctrl+Q使其变为曲线，在状态栏中选择虚线。使用“文字工具”字打出“贴邮票处”的文字，字体为宋体，字号为10号字。然后导入素材。

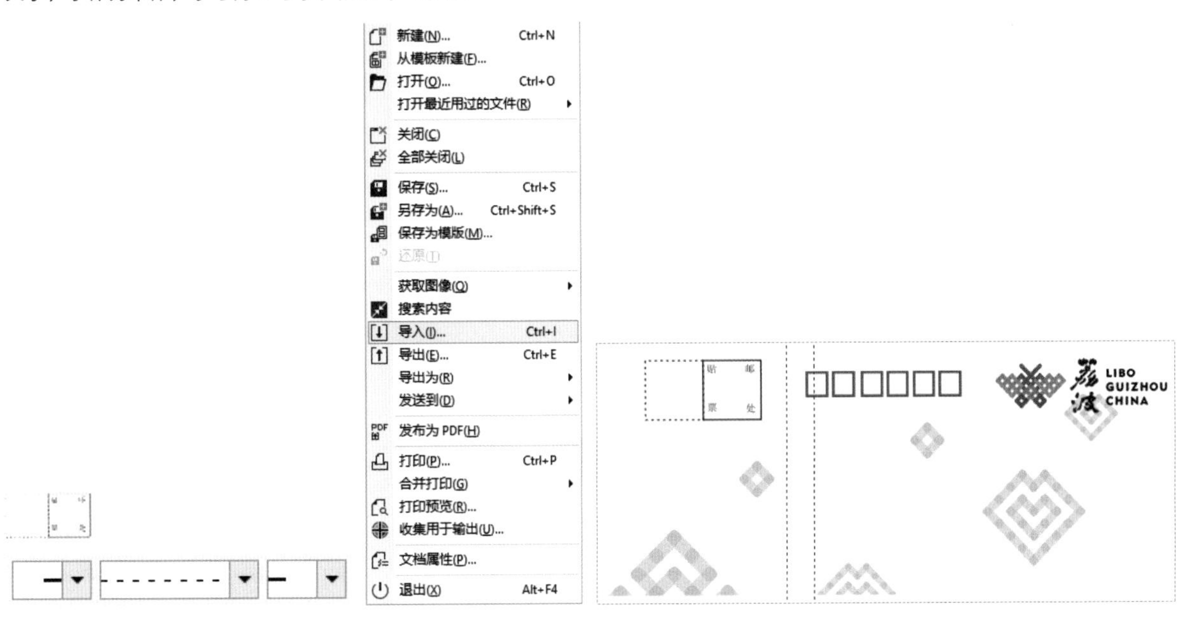

04 调整位置 按照上面的标准调整各个元素的位置。

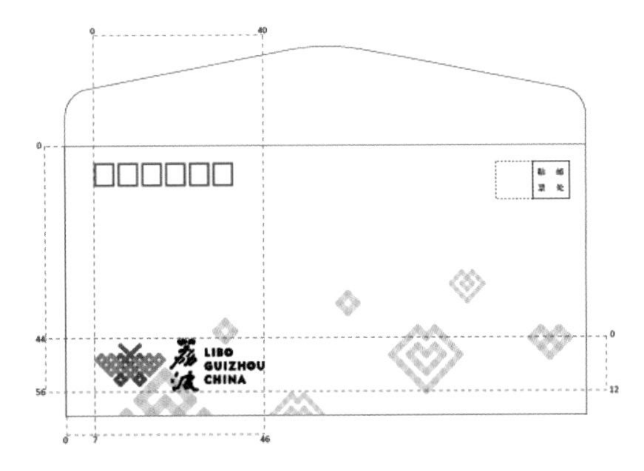

TIPS

在完成后要标注出信封的尺寸、材质、工艺和色彩，并要有制作文件。

此案例的格式应符合国内通用的信封标准。

尺寸：220mm×110mm。

材质：推荐105g胶版纸。

工艺：推荐色或专色印刷。

色彩：绿色（C100，M0，Y100，K0），玫红（C0，M100，Y0，K0），红色（C0，M100，Y100，K0），蓝色（C100，M80，Y0，K0），橙色（C0，M60，Y80，K0）。

手提袋制作过程

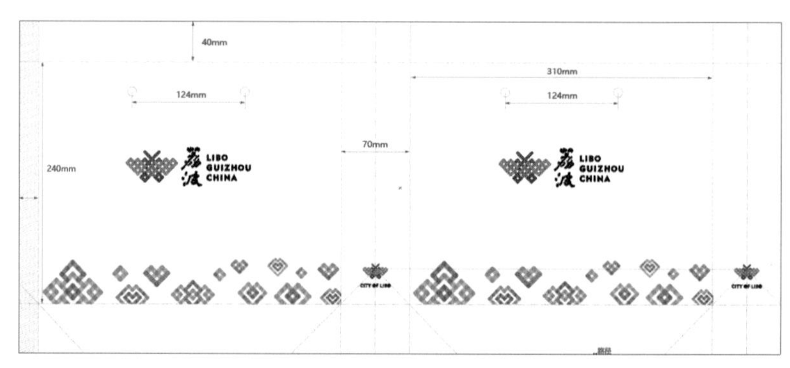

设计关键词：两点直线工具、矩形工具、数字文本工具

01 新建文档 可以直接设置手提袋大小或者更大（方便修改制作）。

02 使用“矩形工具”□绘制矩形作为手提袋展开图，并设置大小。

注意，首先要确定粘贴区域的大小，在这个制作文件中，蓝色粘贴区域（蓝色阴影）的宽度要小于侧面宽度的1/2。

03 确定正面、侧面的大小。

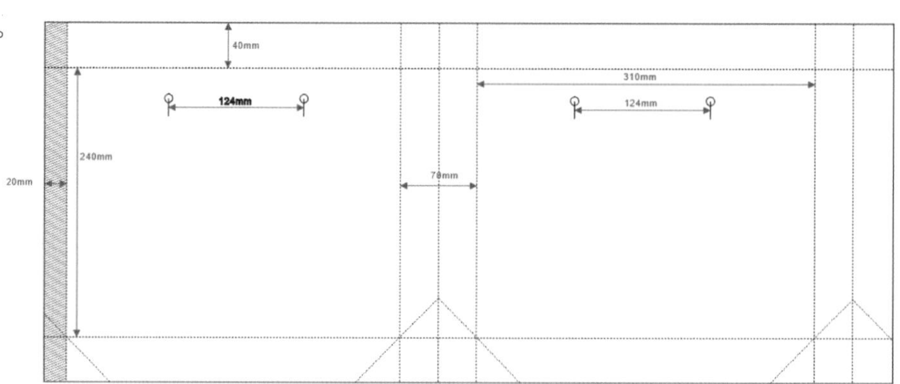

04 确定正、侧面大小后注意留出上面的折块高度40mm和手提袋底面的折块40mm，折痕处一般用虚线表示，方法是使用“两点直线”工具绘制出正、侧面的折痕，并设置成虚线。

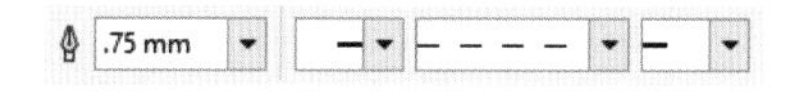

05 使用“圆形工具”标注出挂绳孔的位置，挂绳孔一般距离手提袋顶部20~30mm（注意要避开关键图区域）。

06 最后标注尺寸可抑制通过设置“两点直线工具”的箭头。标注尺寸时要注意标注清楚，箭头要指到位。标注完后同一方向的局部长度加起来要等于整体长度。

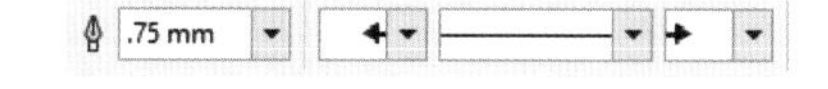

TIPS

底部折痕处画法：使用两点直线工具按住Shift键可画出直角。

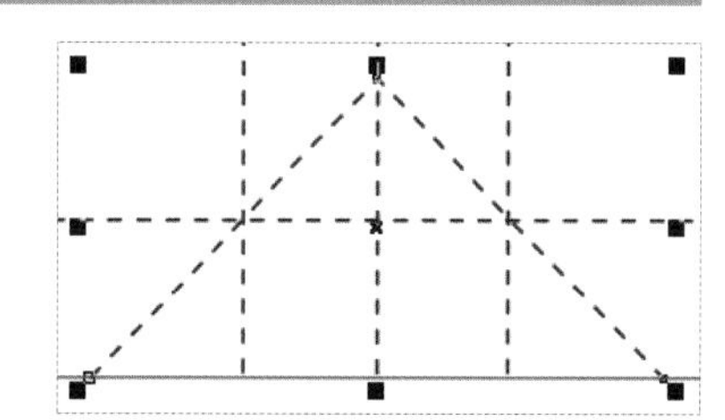

07 导入手提袋Logo和素材 导入方式和信封相同，选择Logo素材和手提袋正面矩形，按C键水平对齐，另外一面同样处理。

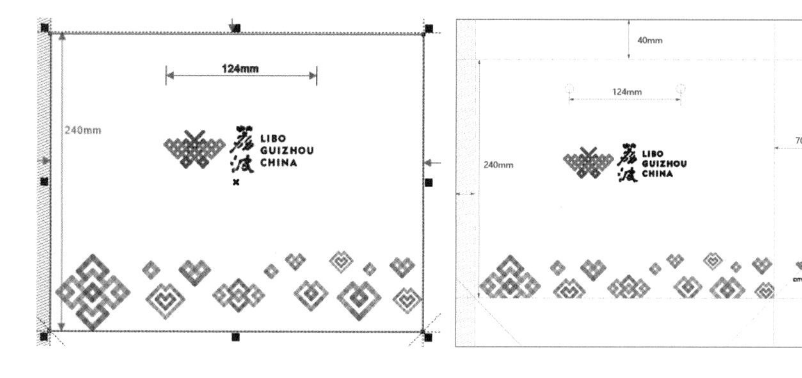

TIPS

完成制作文件后标注手提袋的尺寸为310mm×240mm×70mm，材质推荐250g白卡纸，覆亚膜，以及品牌标识颜色为绿色（C100，M0，Y100，K0）、玫红（C0，M100，Y0，K0）、红色（C0，M100，Y100，K0）、蓝色（C100，M80，Y0，K0）、橙色（C0，M60，Y80，K0）。

9.3.1 对比分析

信封

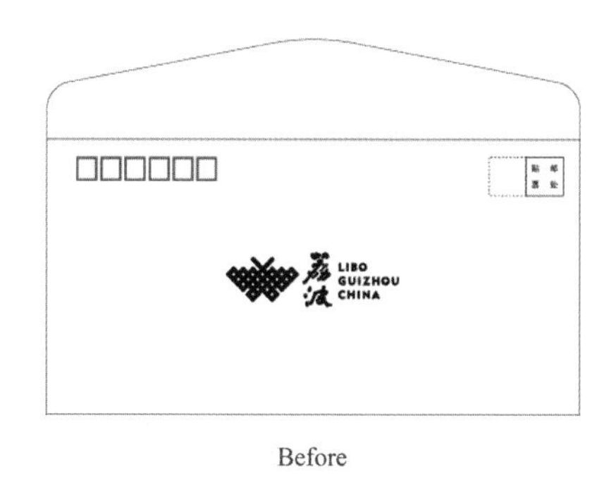

Before

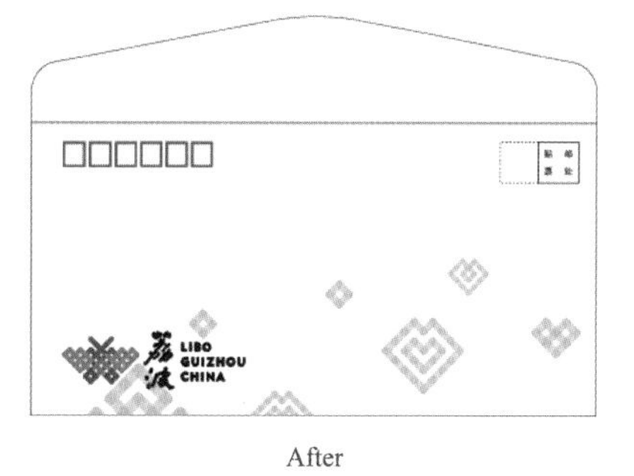

After

- 设计前的Logo位置放在中间影响书写内容。
- 整个信封只有Logo过于简单，没有设计的设计不一定是最好的设计。
- 设计后的Logo运用了品牌的色彩，符合荔波民族文化特色和多彩多样的主题。位置靠左下角，既美观又不影响书写。
- 辅助图形的运用让信封更加丰富，大小不一的辅助图形让整个正面的设计更加有活力。

手提袋

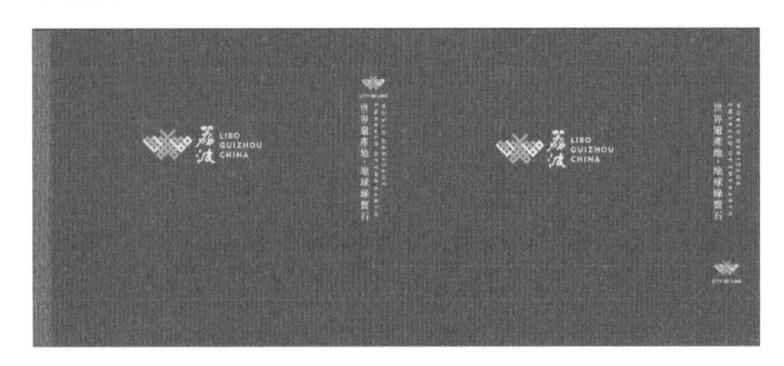

Before

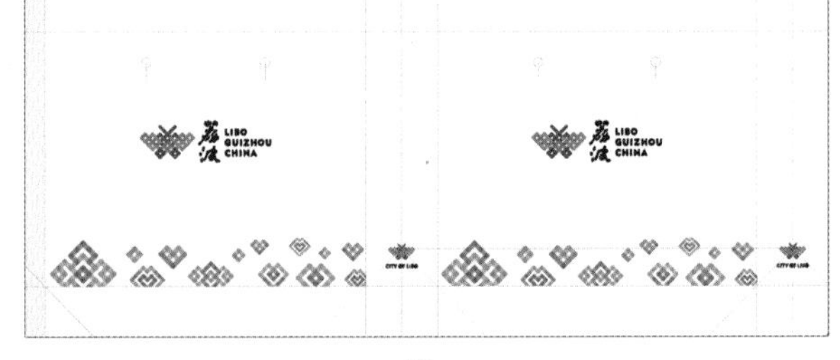

After

- 设计前的手提袋采用绿色，而绿色只代表苗族民族服饰，没有体现出荔波少数民族聚居地的特色。
- 设计前的方案 Logo 等各种元素的位置偏上，让袋子有种头重脚轻的感觉，并且挂绳孔的位置和主要元素的位置过于接近，会破坏关键元素。
- 设计后的手提袋的各个元素分布合理，并采用多彩设计，充分体现了荔波独特的人文特色。

TIPS

在企业视觉识别系统中应用部分中，不仅要有预览文件跟最重要的是制作文件。预览文件能直观让客户明白最终效果而制作文件能让制作厂商明白尺寸、制作工艺以及颜色的选择，方便最后成品的制作。如下图中的预览文件直观地告诉客户手提袋的外观并没有详细的制作印刷工艺、尺寸和颜色为了方便生产要把右边的平面图也放在最终的 VI 文件中的制作文件。

预览文件

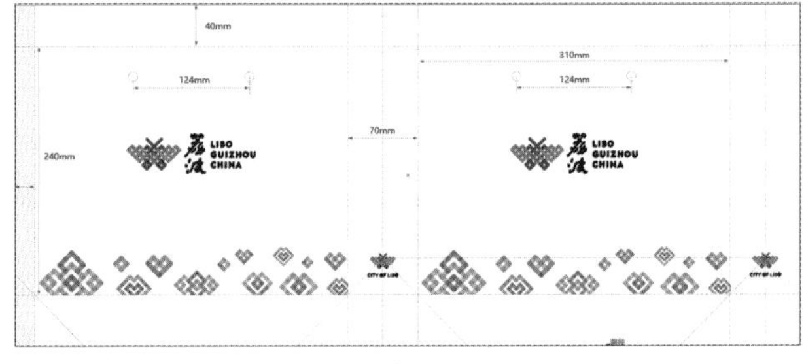

制作文件

9.3.2 案例分析与心得

荔波城市视觉形象设计项目，虽然由于设计以外的原因未投入使用，但通过该项目的工作大家对如何进行顶层设计类的工作有了知识的储备和经验。城市文化历史、自然资源和风土人情等与城市相关的调研工作是首要。其次，要解决调研后巨大的信息量与视觉表现力有限的矛盾和冲突。那么，对信息的筛选、视觉元素的提炼就显得特别重要。突出视觉核心、进行取舍的设计也是一个逐步推敲和摸索的过程。

9.4 品牌全案设计赏析

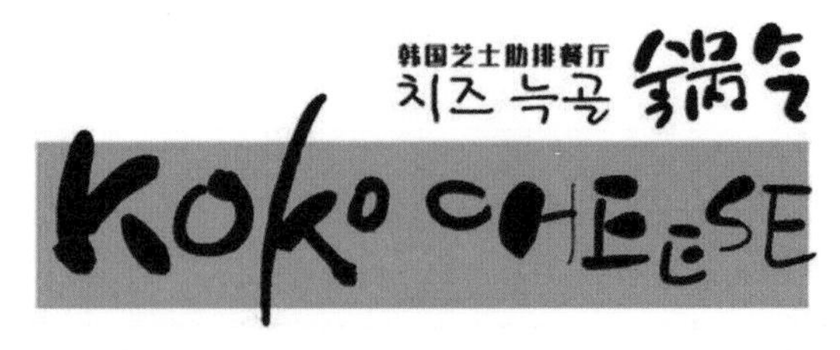

韩国餐饮品牌_锅气 / 设计师_白刚 / 通过醒目大气的书法字体和具有食欲的配色来塑造品牌的视觉形象，既现代又易让人产生消费欲望。

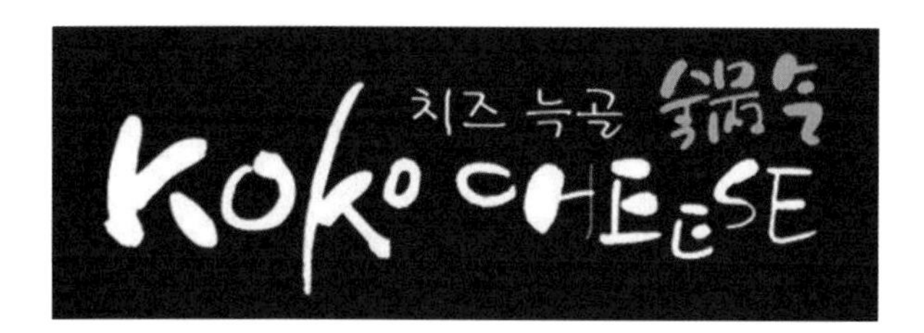
치즈 늑골

韩国芝士肋排餐厅
치즈 늑골
¥128
¥58

韩国芝士肋排餐厅
치즈 늑골

9.5 课后练习

以小组为单位进行全新的餐饮品牌策划、调研和定位，以个人为单位进行一个餐饮品牌全案设计，工作内容包括基础系统与应用系统设计。

9.5.1　基础要素设计

依据品牌的特点进行基础系统的规范设计，包括品牌标志规范、品牌字体规范、品牌辅助图形、品牌色彩系统和禁用细则等。

9.5.2　应用要素设计

依据餐饮品牌的特点，进行专属的应用系统设计，包括商务用品，餐厅用品，菜品摄影创意与指导，以及餐厅室内与室外环境等。